한국 지리 컬러링북, 지식을 입히다
하나의 한반도, 남과 북은 하나

일러두기
· 지형도의 방향은 북쪽을 기준으로 하지 않은 것들도 있습니다. 지구는 둥글기 때문에 위아래를 정할 수 없다는 저자의 의견을 따랐습니다.
· 지형도에 표시된 기호는 다음과 같습니다.

○ 도시	──── 국가 외곽선
□ 수도	

한국 지리 컬러링북, 지식을 입히다

 하나의 한반도, 남과 북은 하나

13개 지형도, 7개 내부 구조도, 22개 행정 구역도를 마음껏 칠하며 교양과 지식을 단번에!

조지욱 글 | 김미정 그림

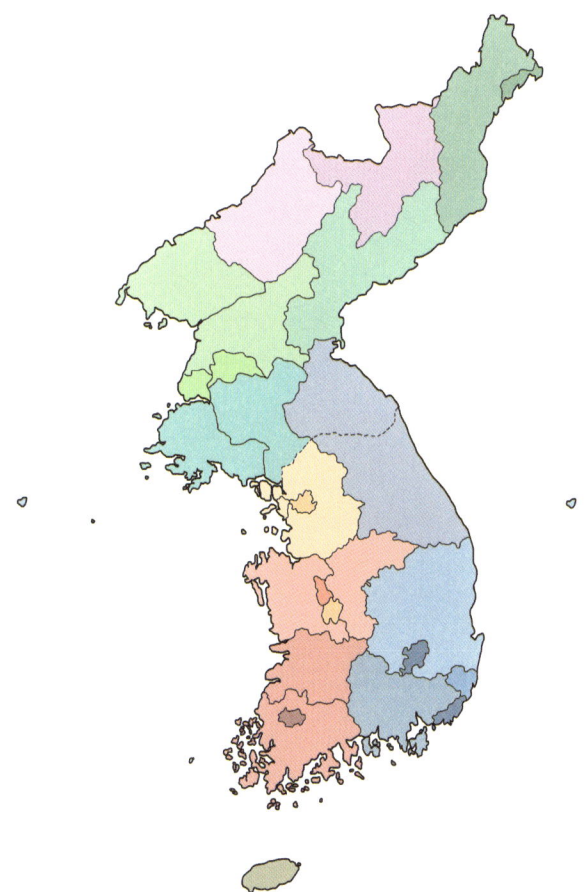

사□계절

작가의 말

《세계 지리 컬러링북, 지식을 그리다》에 이어 《한국 지리 컬러링북, 지식을 입히다》가 나오게 되었다. 《세계 지리 컬러링북, 지식을 그리다》는 컬러링북이 가진 매력에 학습 효과까지 더해지면서 많은 독자들에게 주목을 받았다고 생각한다. 그래서 이번에는 《한국 지리 컬러링북, 지식을 입히다》이다. 작은 국토이지만 한반도에는 산지도 있고, 평야도 있고, 내륙도 있고, 해안도 있다. 복잡한 해안선은 국토 길이의 몇 배에 이를 정도로 길다. 예를 들어, 남해안의 해안선은 직선 길이보다 8배나 길다. 이런 구석구석까지 칠해 보는 맛이 참 좋으리라 생각한다. 또 시원생대부터 신생대 화산 지형까지 다양하게 펼쳐진 한반도를 칠해 보는 것은 그 자체로도 흥미롭고 의미 있는 일이다.

《한국 지리 컬러링북, 지식을 입히다》는 현재의 행정 구역에 맞춰 틀을 잡았다. 경기도, 강원도, 경상북도 등 도 단위로 구성했다. 그리고 도내에 있는 서울특별시, 부산광역시 등 광역시들을 다루고 있다. 단, 지형도 부분에서는 각 광역시를 도 안에 넣어서 구성했다. 예를 들면, 광주광역시는 전라남도에 넣어서 그렸다. 행정적으로는 구분할 수 있지만 지형적으로 이어져 있기 때문이다. 더불어 각 지역의 상징물을 칠하면서 역사 문화적인 면모도 엿볼 수 있다. 더욱이 《한국 지리 컬러링북, 지식을 입히다》가 기존의 한국 지리 책들과 다른 이유는 북한 부분이다. 말하자면 통일에 대비한 '통일 한국 지리책'인 것이다. 2018년, 문재인 정부는 지난 10년 가까이 유지되었던 적대적 남북 관계를 타파하고 상호 신뢰 관계를 구축하고 있다. 이 신뢰가 굳어진다면 결국 통일이 될 것이라고 많은 사람이 기대하고 있다.

지난 70년의 역사는 한반도 역사에서 반 토막 역사였다. 일제 강점기 후 맞이한 해방은 강대국에 의한 분열로 이어졌고, 남북한은 제각기 반쪽 땅만을 가지고 국가를 만들었다. 하지만 이제 통일에 대한 기대가 점차 부풀고 있고, 그날이 오면 동북아시아에 강대국 통일 한국이 부상하게 될 것으로 기대된다. 이에 지금부터라도 북한을 알아야 한다. 어디가 산이고 어디가 들인지, 어디가 도시이고 어디가 농촌인지, 백두산이나 묘향산 말고 또 어떤 산이 북한에 있는지, 북한의 경제를 이끌어 갈 경제 중심지는 어디인지 등 우리는 아직 북한을 너무 모른다.

북한 지역은 오늘날 우리가 알고 있는 행정 구역과 다른 체제를 가지고 있다. 우리는 북한을 국가로 인정하지 않기 때문에 1948년 이전 행정 구역으로 북한을 다루고 있다. 하지만 그때 지도를 가지고 북한을 바라본다면 큰 혼란을 겪을 것이다. 예를 들어, 양강도, 자강도는 그 당시에는 없던 행정 구역인데 지금은 있다. 따라서 이번 《한국 지리 컬러링북, 지식을 입히다》는 가장 최근의 행정 구역을 기준으로 하고 있다.

이 책이 나오기까지 여러분의 노고가 있다. 수천 개의 집, 신, 면을 그려 준 화가, 흩어져 굴러다니는 구슬들을 모아 꿰어 준 편집부 여러분, 좋은 사진을 협찬해 주신 여러분께 진심으로 감사드린다.

2018년 가을, 조지욱

지형도, 어떻게 칠할까?

먼저 범례를 확인합니다. 그다음 고도별로 표시되어 있는 기호를 확인하고 그 기호에 같은 색을 칠합니다. 색을 칠하는 방법은 두 가지입니다.

여러 색의 색연필로 칠할 때
1. 범례에 고도별로 칠할 색상을 정해서 먼저 색칠해 둡니다.
2. 범례를 확인하며 고도별로 색깔을 칠합니다. 높은 고도에서부터 칠하든 낮은 고도에서부터 칠하든 순서는 상관없습니다.

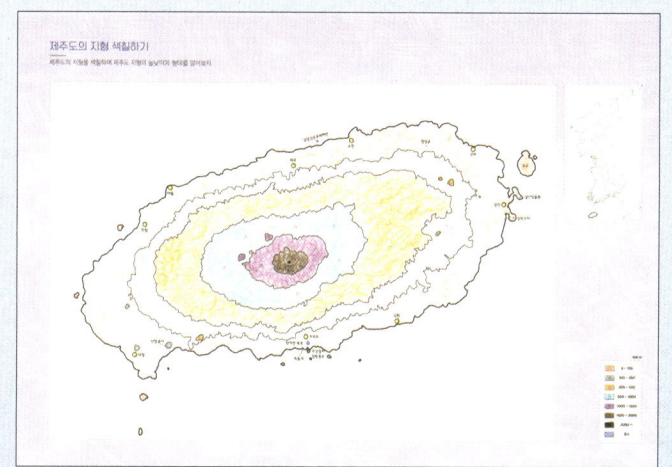

한 가지 색으로 칠할 때
1. 고른 색으로 전체 지도를 엷게 칠합니다.
2. 그다음으로 높은 고도를 한 번 더 칠합니다.
0~100m 고도는 한 번,
100~200m 고도는 두 번,
200~500m 고도는 세 번,
500~1000m 고도는 네 번,
1000~1500m 고도는 다섯 번,
1500~2000m 고도는 여섯 번,
2000m 고도 이상은 일곱 번을 칠하게 되면서 고도가 높아질수록 자연스럽게 색이 진해집니다.

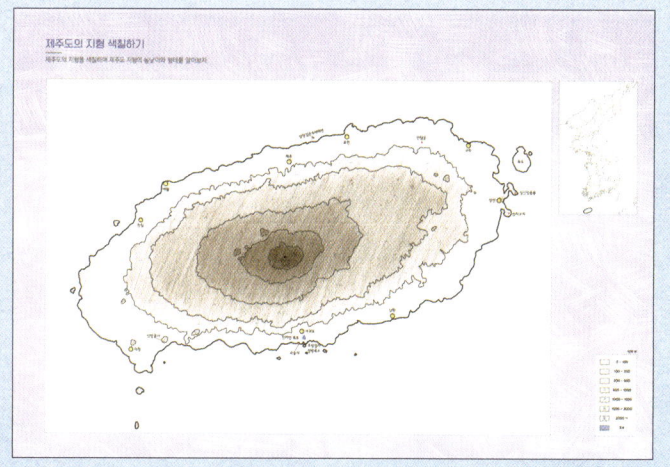

차례 contents

작가의 말 4

지형도, 어떻게 칠할까? 5

한국의 위치 8

한국의 4극 9

한민족의 영토 변화 과정 10

한국의 영해와 배타적 경제 수역 11

한국의 8도 지역 구분 12

한국과 영토가 비슷한 나라들 13

한국의 지하자원 14

한국의 주요 습지 지구 15

한국의 여름 기온 16

한국의 겨울 기온 17

한국의 강수량 18

한국의 적설량 19

중국과 러시아를 포함한 한반도 종단 철도 20

한국의 DMZ 21

개성 공업 지구 22

남북한 경제특구 23

원산 관광특구 24

문재인대통령, 김정은 위원장과 함께 백두산 방문 25

산지가 많은 한국의 북부 지방 26

함경도의 특징적인 지형을 살펴보자 28

함경도의 지형 색칠하기 30

함경도에는 어떤 도시가 있을까? 32

◆ 나선특별시의 자유 경제 무역 지대 계획도 색칠하기 36

자강도와 양강도의 특징적인 지형을 살펴보자 38

자강도와 양강도의 지형 색칠하기 40

자강도와 양강도에는 어떤 도시가 있을까? 42

평안도의 특징적인 지형을 살펴보자 46

평안도의 지형 색칠하기 48

평안도에는 어떤 도시가 있을까? 50

◆ 평양직할시의 행정 구역도 색칠하기 54

◆ 남포특별시의 행정 구역도 색칠하기 58

황해도와 북한 강원도의 특징적인 지형을 살펴보자 60

황해도와 북한 강원도의 지형 색칠하기 62

황해도와 북한 강원도에는 어떤 도시가 있을까? 64

평야와 산지가 조화로운 한국의 중부 지방 68

경기도의 특징적인 지형을 살펴보자 70
경기도의 지형 색칠하기 72
경기도에는 어떤 도시가 있을까? 74
◆ 서울특별시의 행정 구역도와 내부 구조도 색칠하기 78
◆ 인천광역시의 행정 구역도와 내부 구조도 색칠하기 82

강원도의 특징적인 지형을 살펴보자 84
강원도의 지형 색칠하기 86
강원도에는 어떤 도시가 있을까? 88

충청북도의 특징적인 지형을 살펴보자 92
충청북도의 지형 색칠하기 94
충청남도의 특징적인 지형을 살펴보자 96
충청남도의 지형 색칠하기 98
충청도에는 어떤 도시가 있을까? 100
◆ 대전광역시의 행정 구역도와 내부 구조도 색칠하기 104
◆ 세종특별자치시의 행정 구역도와 토지 이용 계획도 색칠하기 106

온대 기후인 한국의 남부 지방 108

경상북도의 특징적인 지형을 살펴보자 110
경상북도의 지형 색칠하기 112
경상남도의 특징적인 지형을 살펴보자 114
경상남도의 지형 색칠하기 116
경상도에는 어떤 도시가 있을까? 118
◆ 대구광역시의 행정 구역도와 내부 구조도 색칠하기 122
◆ 울산광역시의 행정 구역도와 내부 구조도 색칠하기 124
◆ 부산광역시의 행정 구역도와 내부 구조도 색칠하기 126

전라북도의 특징적인 지형을 살펴보자 128
전라북도의 지형 색칠하기 130
전라남도의 특징적인 지형을 살펴보자 132
전라남도의 지형 색칠하기 134
전라도에는 어떤 도시가 있을까? 136
◆ 광주광역시의 행정 구역도와 내부 구조도 색칠하기 140

제주특별자치도의 특징적인 지형을 살펴보자 142
제주특별자치도의 지형 색칠하기 144
제주특별자치도에는 어떤 도시가 있을까? 146

지형도 색칠하기 예제 150

도판 출처 159

한국의 위치

한국은 북반구의 중위도에 위치하고 있다. 수리적으로는 북위 33~43도, 동경 127~132도에 위치한다. 남북 길이는 약 1100킬로미터, 동서 너비는 약 300킬로미터이다. 지리적으로는 유라시아 대륙과 태평양 바다를 잇는 곳에 있어서 무역이 발달하기에 유리하다. 관계적으로는 중국, 러시아, 일본 등과 국경을 맞대고 있거나 가까이 있으며, 미국과도 관계적으로 큰 영향을 주고받는다.

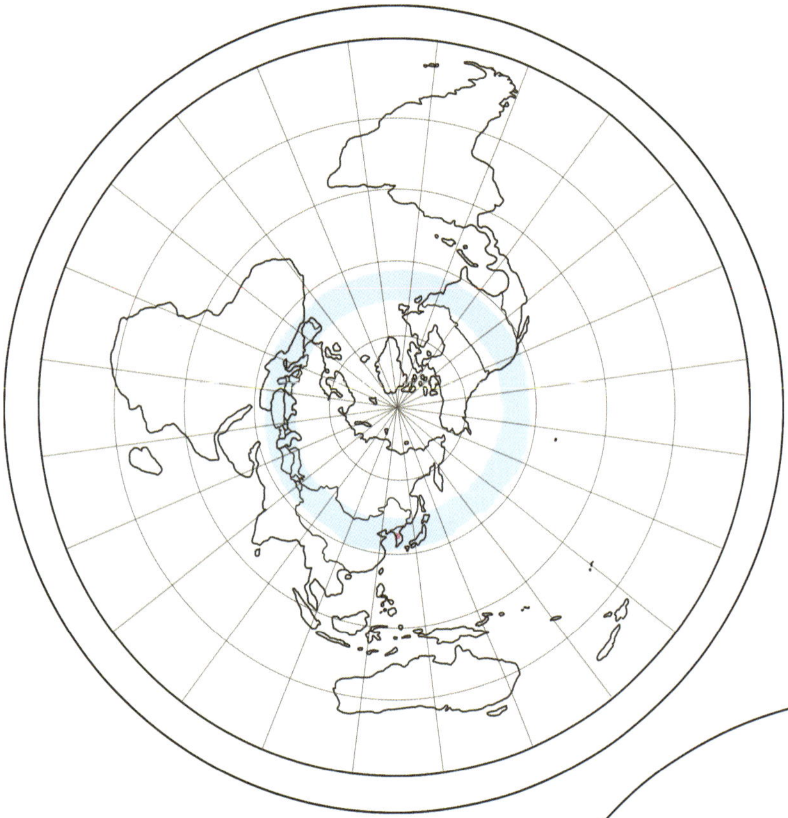

세계 속 한국의 위치

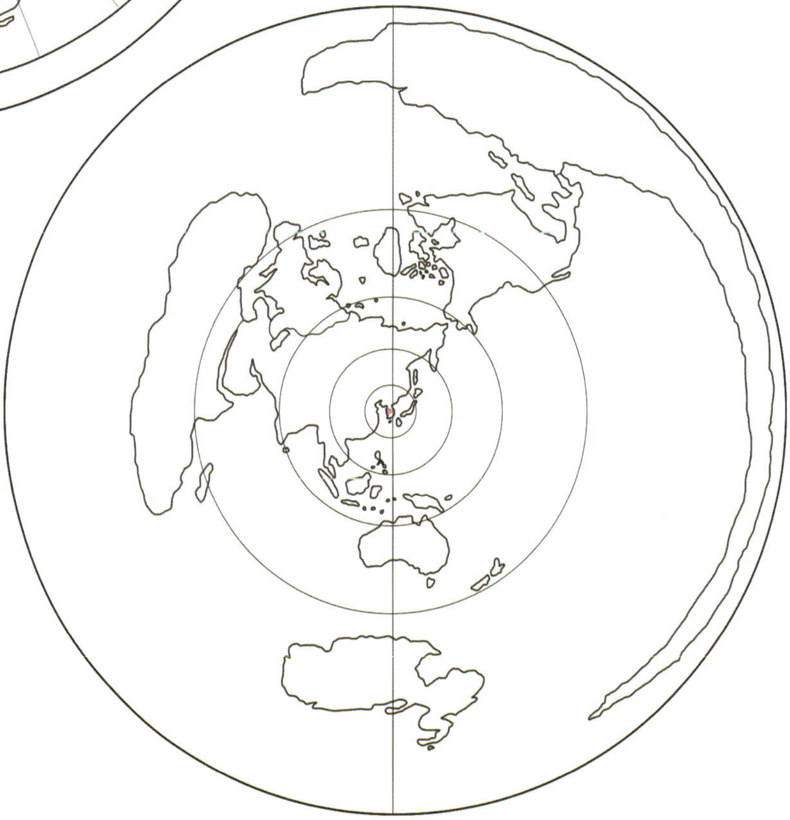

한국을 중심으로 본 세계

*한국의 위치를 확인하고 임의의 색을 정해 세계의 육지를 색칠해 보세요.

한국의 4극

우리나라의 4극이란 동서남북의 가장 끝점을 말한다. 북쪽은 함경북도 유원진(유포진), 남쪽은 제주특별자치도 마라도, 동쪽은 경상북도 독도, 서쪽은 평안북도 마안도(비단섬)이다.

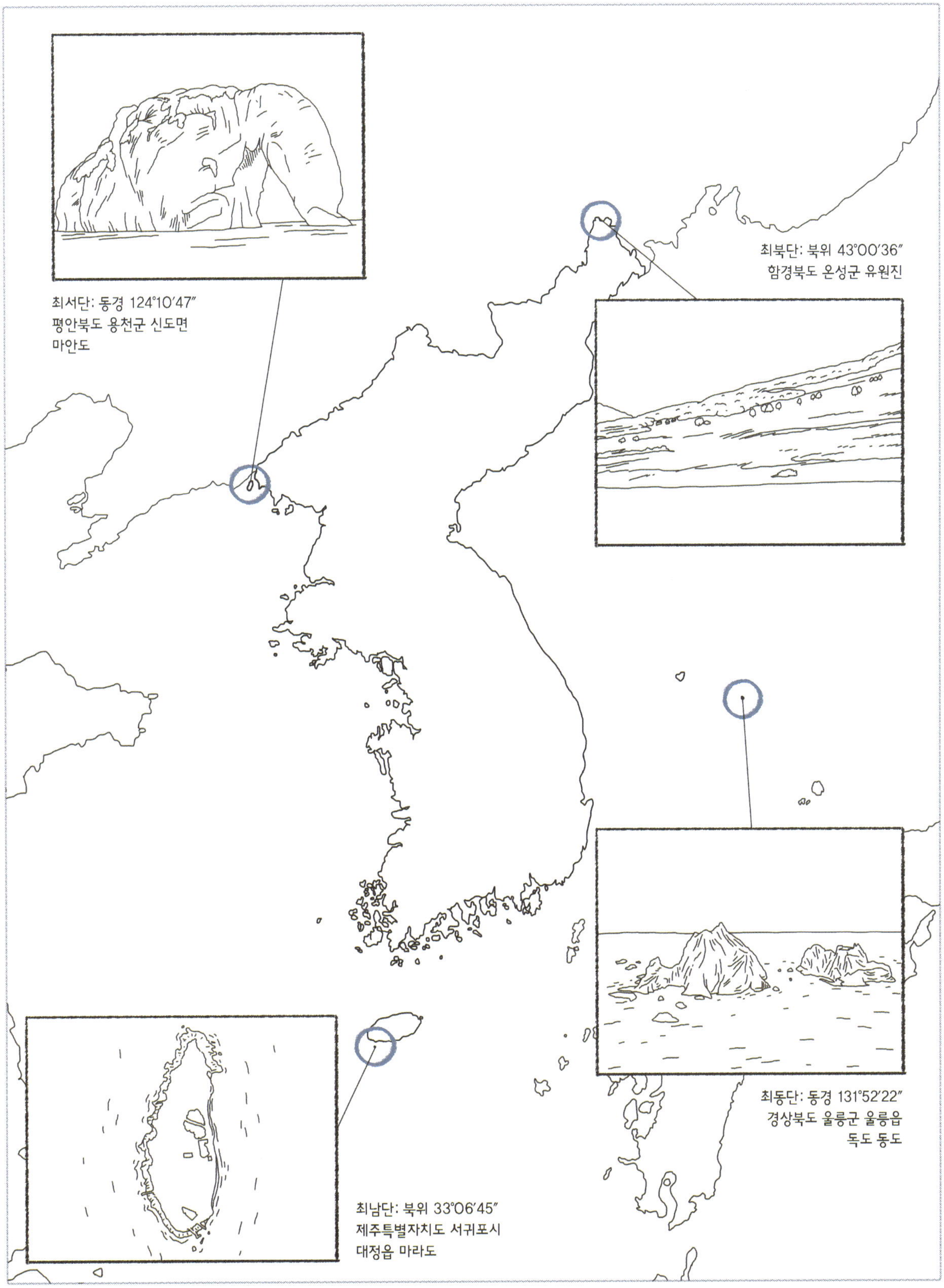

최서단: 동경 124°10'47"
평안북도 용천군 신도면
마안도

최북단: 북위 43°00'36"
함경북도 온성군 유원진

최동단: 동경 131°52'22"
경상북도 울릉군 울릉읍
독도 동도

최남단: 북위 33°06'45"
제주특별자치도 서귀포시
대정읍 마라도

*4극의 위치를 확인하고 해당하는 지역의 풍경을 색칠해 보세요.

한민족의 영토 변화 과정

우리 민족은 최초의 국가인 고조선 때 중국의 만주 지역에 이르는 넓은 영토를 가지고 있었다. 삼국 시대에 이르러서도 고구려가 과거 고조선의 영토를 지배함으로써 우리의 영토가 중국에까지 이르렀다. 그러나 고려 때는 영토가 천리장성 이남으로 축소되었다. 조선 세종 때에 이르자 오늘날과 거의 같은 영토를 가지게 되었다. 그러나 현재 한반도는 남한과 북한으로 나뉘어 있다. 우리의 영토는 한반도와 그 주변의 3400여 개의 섬으로 이루어져 있다.

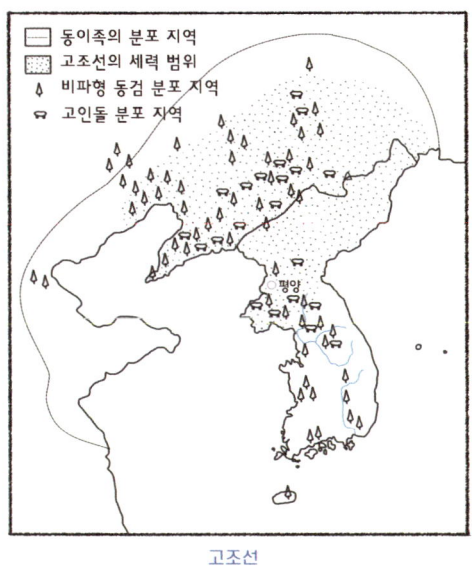
고조선

삼국 시대(4세기)

삼국 시대(5세기)

남북국 시대

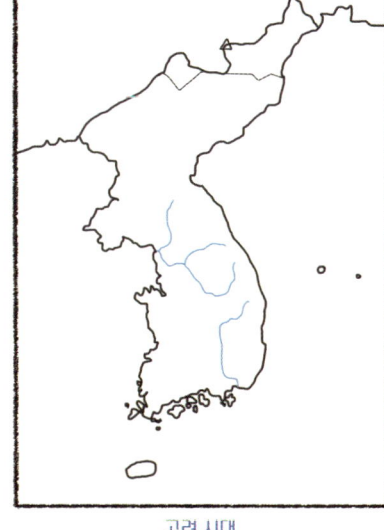
고려 시대

조선 시대

*시대별 영토 변화 과정을 확인하고 임의 색을 정해 각 시대의 영토를 색칠해 보세요. 고조선은 세력 범위를 색칠하면 됩니다.

한국의 영해와 배타적 경제 수역

우리나라의 영해는 보통 썰물 때의 해안선으로부터 12해리(약 22킬로미터)까지이다. 해안선이 단조로운 동해안, 제주특별자치도, 울릉도, 독도는 해안으로부터 12해리까지가 영해이다. 그런데 서해안과 남해안은 해안선이 복잡해서 해안에서부터 바로 잴 수가 없다. 그래서 가장 바깥에 있는 섬을 직선으로 연결해 기준선을 만들고, 그 직선 기준선(기선)으로부터 12해리까지를 영해로 한다. 한편 배타적 경제 수역은 기선으로부터 200해리까지이다. 이곳은 정치적인 권한은 인정하지 않으나 경제적인 권한은 인정하는 곳으로, 자원 개발이나 어업 활동은 가능하다.

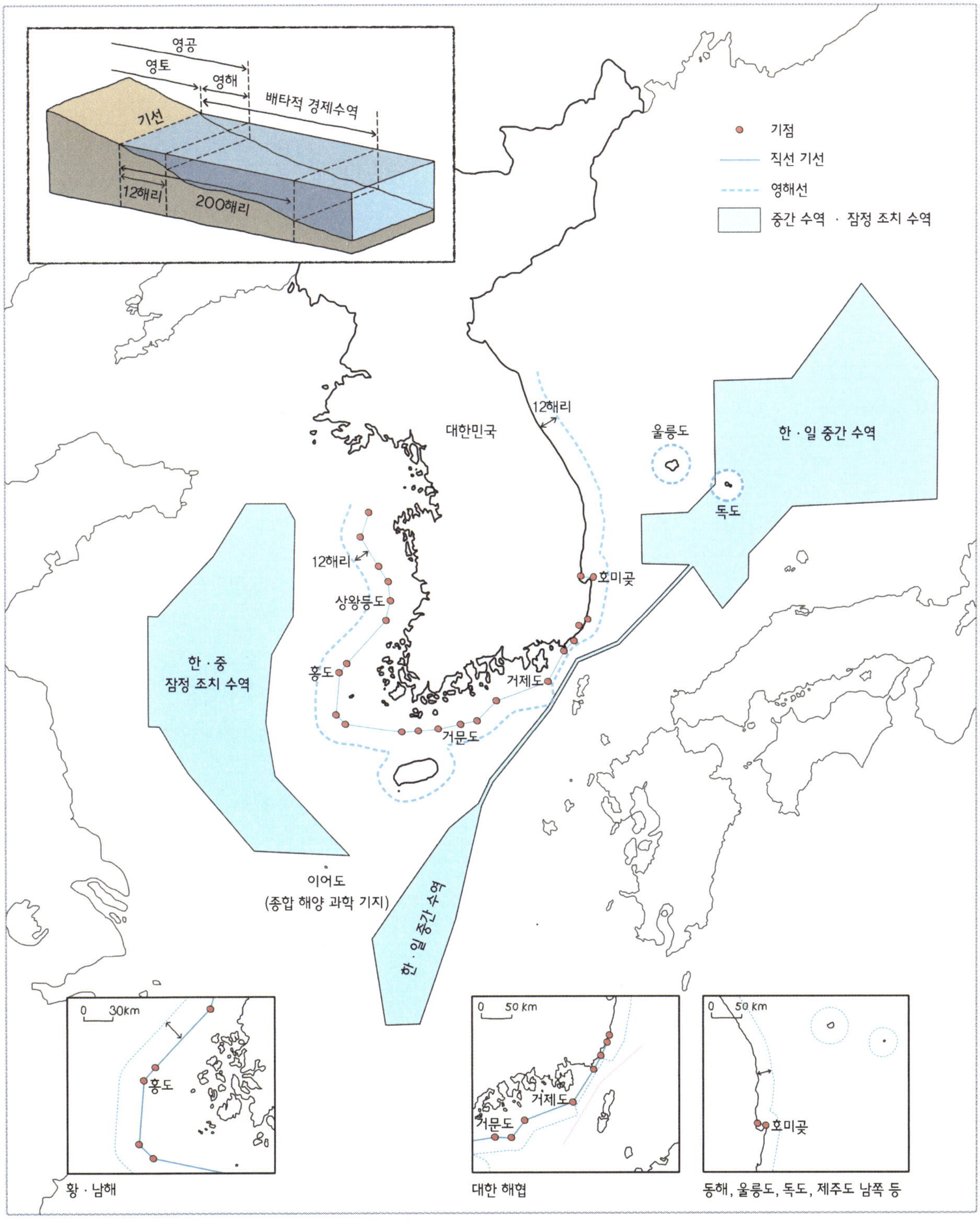

*우리나라의 영해를 색연필로 빗금 쳐 보세요.

한국의 8도 지역 구분

8도는 고대부터 내려오던 지명을 토대로 조선 시대에 각 지역을 구분한 것이다. 8도의 경계는 산이나 강, 고개 같은 지형이 기준이 되는 경우가 흔하다. 각 도의 지명은 도내의 주요 도시 앞 글자를 따서 만들었다. 강원도는 강릉과 원주의 앞 글자를 따서 강원도라고 했고, 경상도는 경주와 상주, 전라도는 전주와 나주, 충청도는 충주와 청주, 함경도는 함흥과 경성, 평안도는 평양과 안주, 황해도는 황주와 해주의 앞 글자에서 따왔다. 다만 경기(京畿)도에서 경은 '서울, 수도'를, 기는 '터전'을 뜻한다. 그러니까 경기도는 수도의 터전이 되는 곳이라는 뜻이며, 과거에는 서울과 인천까지 아우르는 곳이었다.

조선 시대 지역 구분

현대 지역 구분

*한국의 8도를 확인하고 임의의 색을 정해 각 도를 색칠해 보세요.

한국과 영토가 비슷한 나라들

영토가 남북으로든 동서로든 어떤 방향으로든 길쭉한 형태를 띠고 있는 국가를 '신장형 국가'라고 하는데, 우리나라는 남북으로 긴 신장형 국가이다. 신장형 국가로는 칠레, 네팔, 이탈리아, 노르웨이 등이 있다. 우리나라의 총면적은 약 22만여 제곱킬로미터, 그중 남한 면적은 약 10만 제곱킬로미터이며, 간척 사업으로 영토가 확대되고 있다. 한반도와 면적이 비슷한 나라로는 영국, 뉴질랜드, 루마니아 등이 있고, 남한과 면적이 비슷한 나라로는 오스트리아, 포르투갈, 헝가리, 요르단 등이 있다.

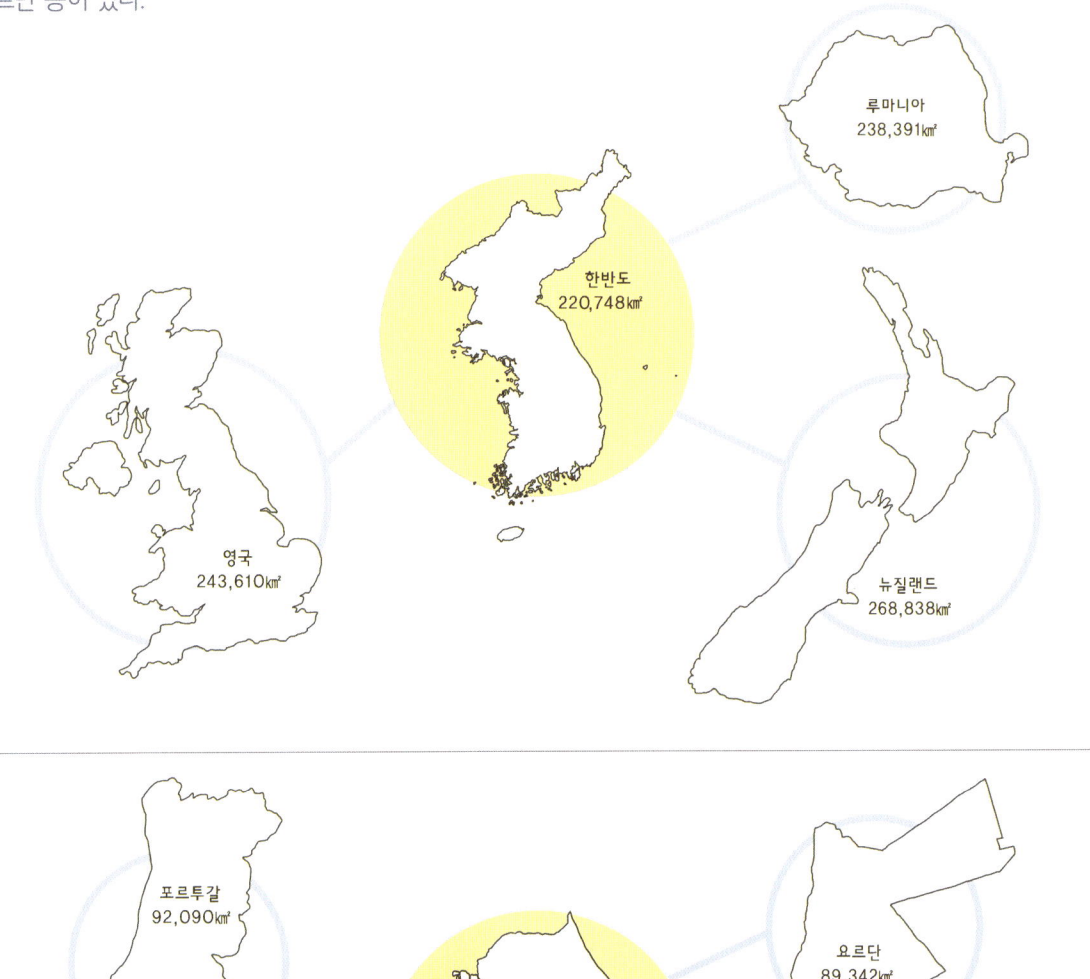

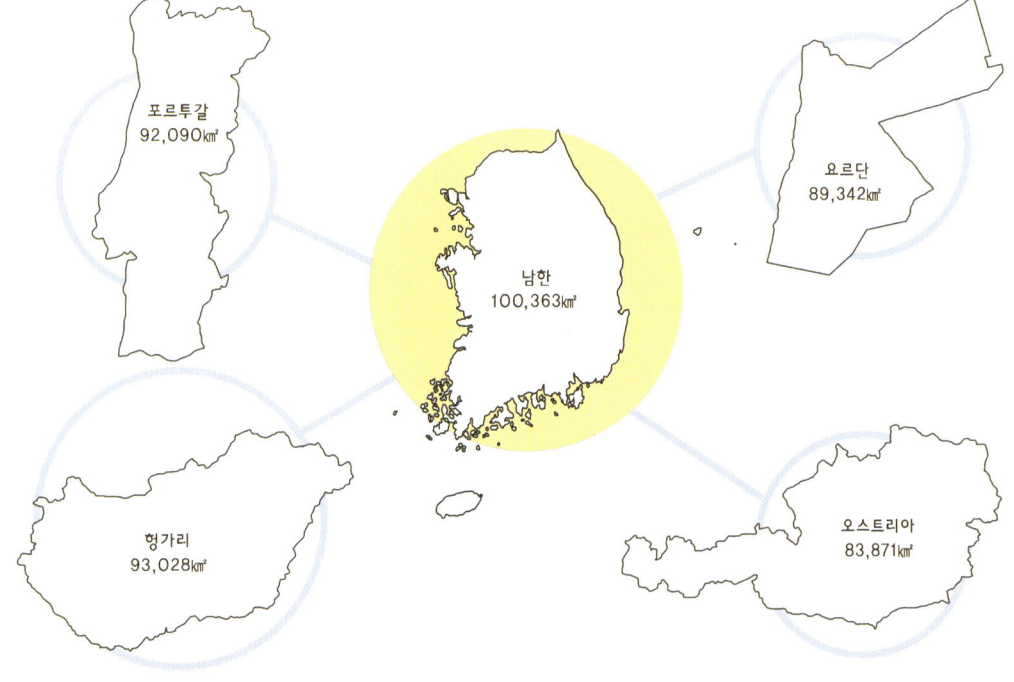

*한국과 영토가 비슷한 나라들을 확인하고 임의의 색을 정해 지도를 색칠해 보세요.

한국의 지하자원

우리나라의 지하자원은 풍부한 편은 아니다. 그나마 남한보다는 북한에 편중되어 있다. 우리나라는 '광물의 표본실'로 불릴 만큼 각종 지하자원이 다양하게 있다. 이는 우리 국토에 시생대, 원생대, 고생대, 중생대, 신생대 등의 다양한 지층이 있기 때문이다. 하지만 생산량이 많은 것은 석회암, 무연탄, 텅스텐 등 일부 자원일 뿐이다.

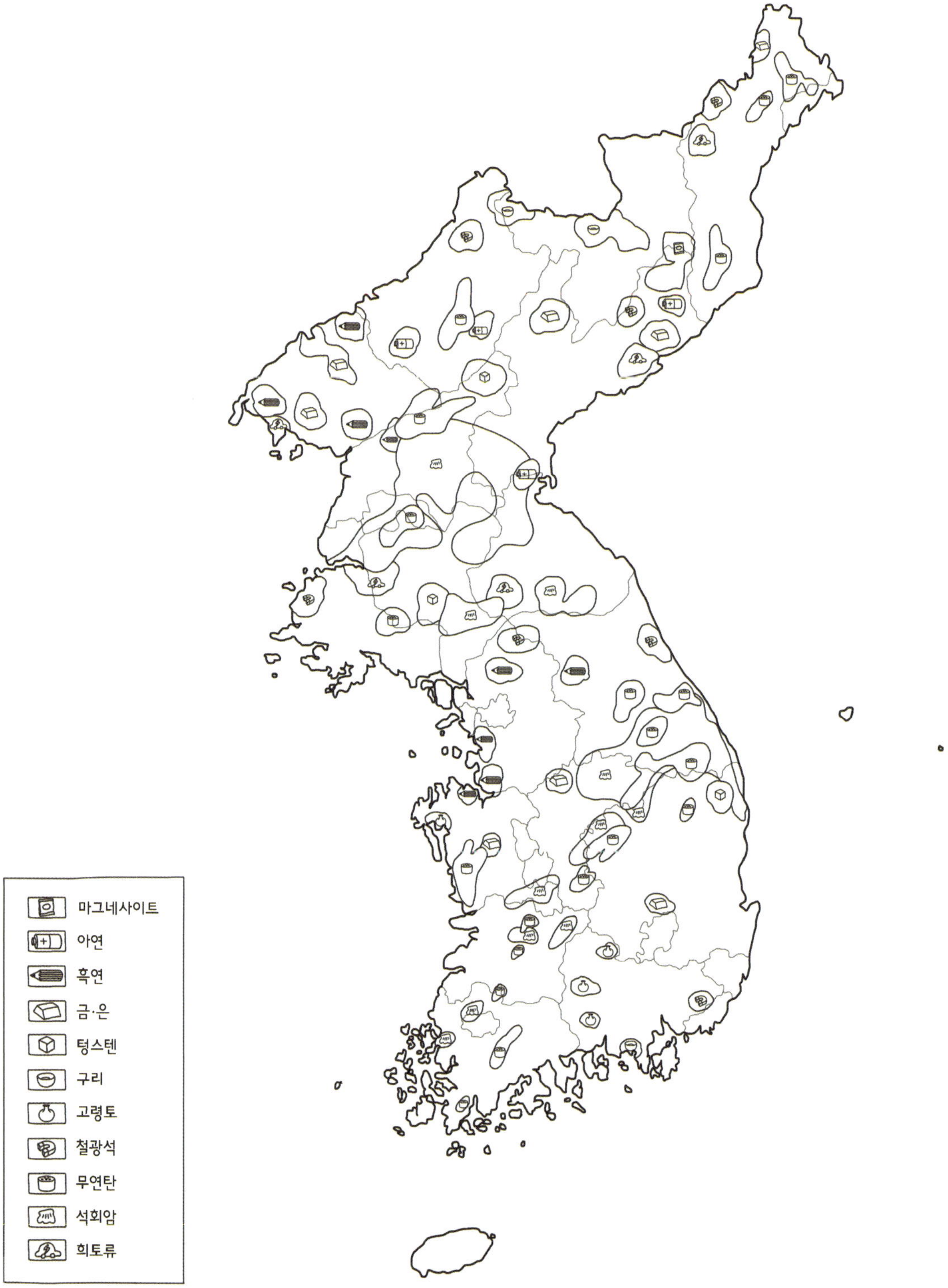

*한국의 지하자원 종류를 확인하고 기호마다 임의의 색을 정해 색칠해 보세요.

한국의 주요 습지 지구

우리나라는 해안선이 복잡하고, 밀물과 썰물의 차가 커서 세계적인 연안 습지 국가이다. '갯벌'이라고 불리는 연안 습지는 특히 서해안에 많으며, 그 면적은 남한 면적의 3퍼센트에 해당한다. 우리나라 습지는 갯벌과 내륙 호수, 강어귀, 자연 늪까지 크게 4가지로 구성된다. 습지는 인간뿐 아니라 철새들의 서식지로서 중요하다. 주요 습지로는 낙동강 하구, 주남저수지, 강화도, 천수만, 아산만, 한강 하구, 철원평야, 금강, 만경강, 동진강 등지를 들 수 있다. 낙동강 하구는 하구와 갯벌, 모래 언덕으로 이루어져 있다. 우리나라에서 발견된 조류 400여 종 가운데 291종이 이곳에서 발견되었다. 과거에는 한국 조류의 72.8퍼센트가 살았다고 한다. 주남저수지는 창원에 있는 세계적인 철새 도래지로서 약 5만 마리의 새들이 겨울을 지낸다. 그 밖에 우포늪과 함안군과 창녕군, 의령군, 김해군의 자연 늪도 있다. 강화도는 고운 입자의 갯벌로 이루어진 세계적으로 드문 습지로, 각종 도요새와 물떼새의 중요한 서식지이다. 그 밖에 철원평야의 습지는 두루미나 청둥오리의 서식지로 중요하다.

*한국의 주요 습지와 갯벌, 간척 지구를 확인하고 임의의 색을 정해 갯벌과 간척 지구를 색칠해 보세요.

한국의 여름 기온

우리나라에서 기온은 6월이면 대부분 지방에서 평균 19도 이상으로 높아지며, 7~8월에는 동해안 북부 지방과 내륙 고산 지방을 제외하고는 대부분 23도 이상에 이른다. 북반구에 위치하고 있어 7월에 기온이 가장 높을 것 같지만 우리나라는 8월에 가장 기온이 높다. 7월에는 장마 기간이 있기 때문이다. 여름 기온은 저위도이면서 내륙에 위치하고 있을수록 높은 경향이 있다. 8월 평균 최고 기온은 대부분 지방에서 27~30도이며, 북한 한류의 영향을 받는 동해안 북부 지방에서는 25도 미만이다.

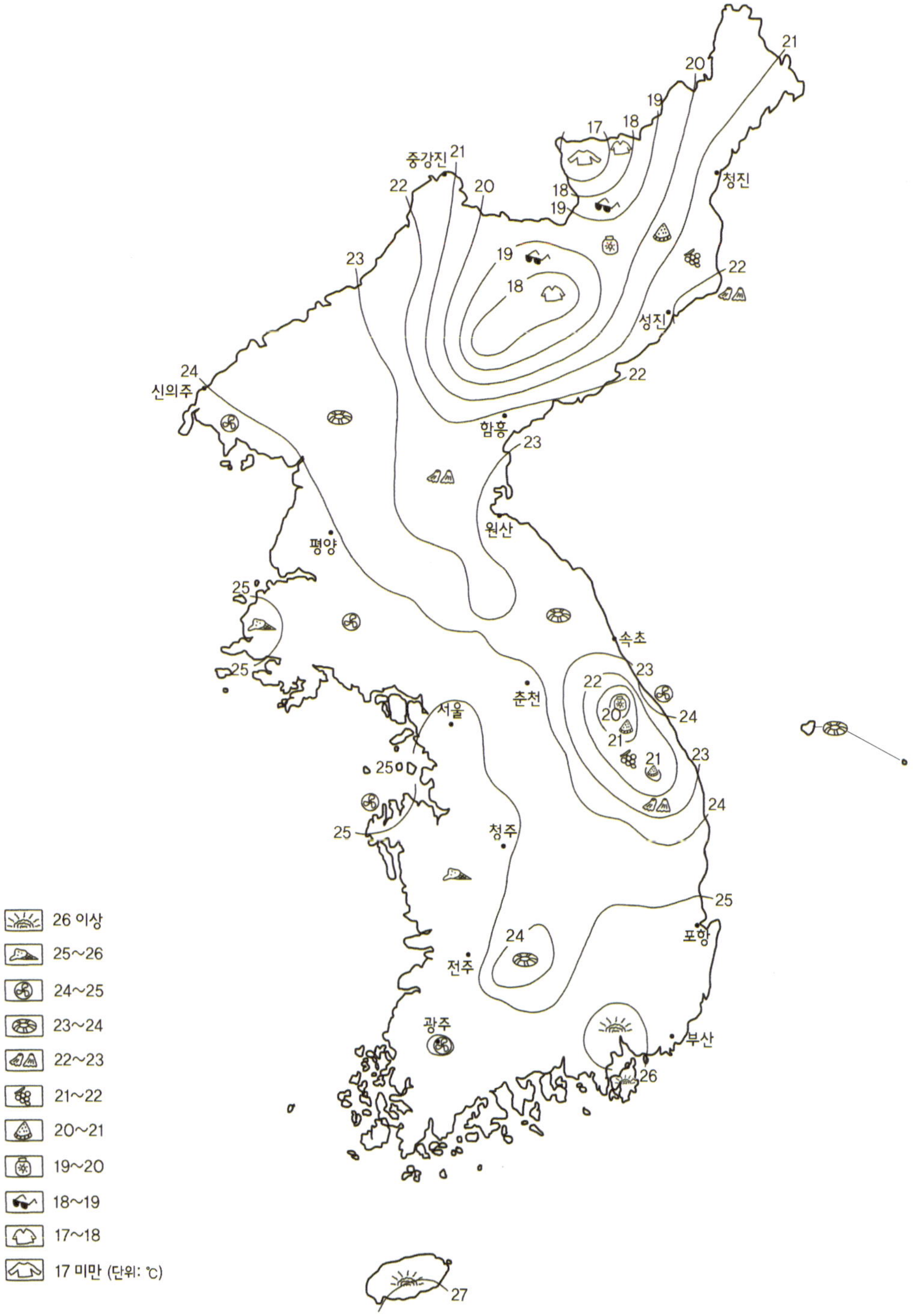

*한국의 여름 기온 단계를 확인하고 기호마다 임의의 색을 정해 색칠해 보세요. 범례는 예시입니다.

한국의 겨울 기온

우리나라는 겨울이 시작되는 12월부터 기온이 하강해 1월에 최저 기온을 기록하고 점차 상승하는 추세를 보인다. 우리나라의 겨울은 시베리아 기단의 강약 주기와 관련해 보통 '3한 4온'이라고 일컬었으나 최근에는 그런 특징이 잘 나타나지 않는다. 우리나라의 영토는 남북으로 긴 형태를 띠고 있어서 남북 간의 기온 차이가 큰 편이다. 북쪽에서는 1월 평균 기온이 영하 18도까지 내려가지만 남쪽 제주특별자치도의 경우는 영상 5도를 나타낸다. 최근 10년간을 보면 대체로 12월 11일부터 1월 16일까지가 다른 기간보다 기온이 더 낮았다.

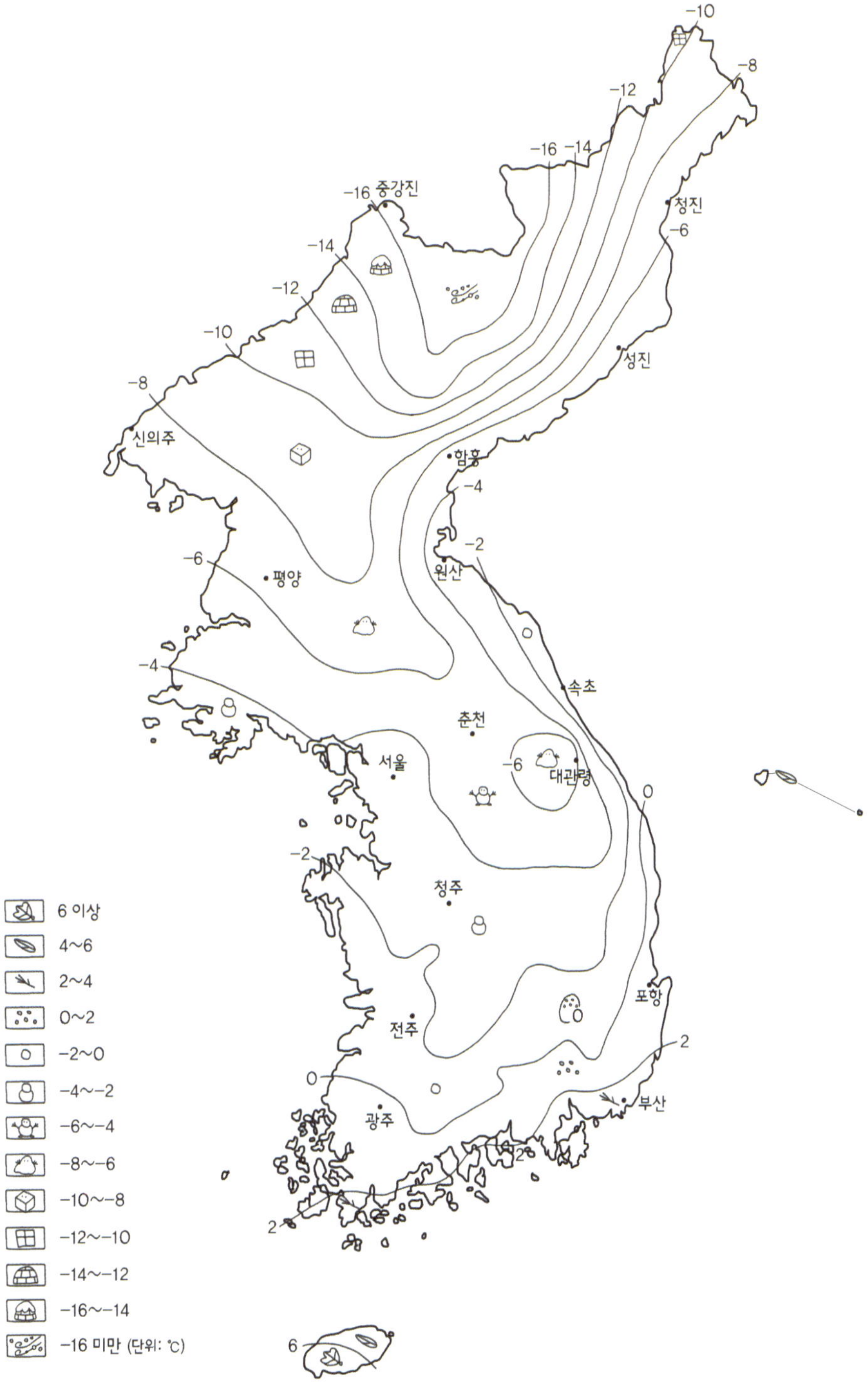

*한국의 겨울 기온 단계를 확인하고 기호마다 임의의 색을 정해 색칠해 보세요. 범례는 예시입니다.

한국의 강수량

우리나라의 강수량은 대부분 지역이 연 800밀리미터 이상에 이른다. 하지만 강수의 계절 차이가 뚜렷해서 연 강수량의 50퍼센트 이상은 여름에 집중된다. 우리나라의 연평균 강수량은 약 1245밀리미터로, 세계 평균의 1.4배이다. 연 강수량을 보면 해마다 강수량이 일정하지 않고 매우 불규칙하다. 지난 100년을 보면 최저치 754밀리미터(1939년)와 최고치 1792밀리미터(2003년)로 2.4배 가까이 차이가 난다. 강수량의 지역적 차이는 주로 바람의 방향과 지형에 영향을 받는다. 제주특별자치도, 남해안, 한강 중상류 지역이 다우지이며, 영남 내륙, 황해도 서해안, 개마고원, 북한 동해안 지역이 상대적으로 소우지이다.

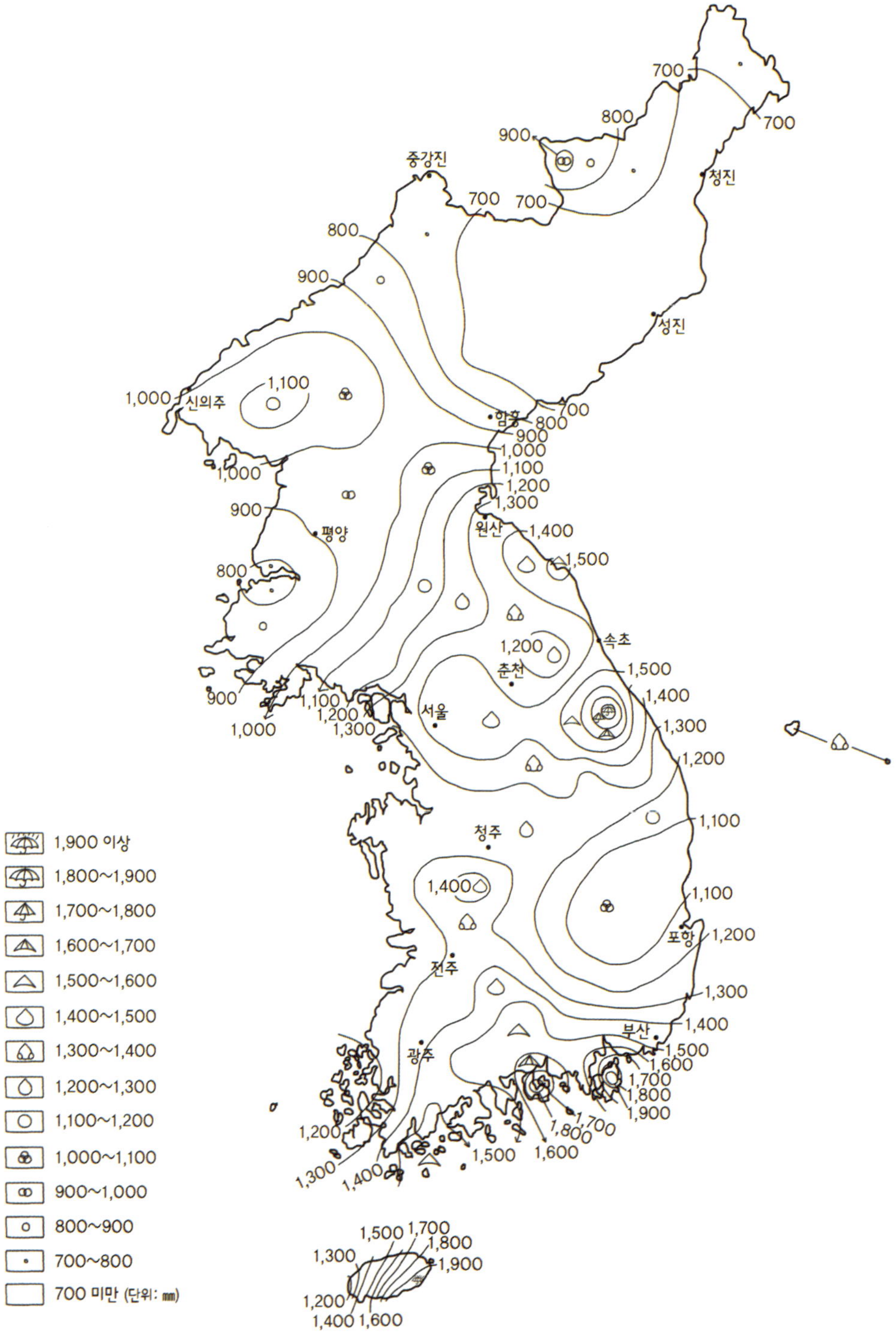

*한국의 강수량 단계를 확인하고 기호마다 임의의 색을 정해 색칠해 보세요.

한국의 적설량

남한에서는 눈 하면 울릉도와 대관령이다. 울릉도는 연 평균값으로 232.8센티미터, 대관령은 258.8센티미터의 눈이 내린다. 울릉도는 1년 중 57.8일 동안 눈이 내린다. 이는 겨울 북풍이 동해를 거치며 습기를 머금고 울릉도나 대관령에 내리기 때문이다.

서해안에 가까운 전라도 지역도 눈이 많이 내리는 곳이다. 겨울 북서풍이 서해 바다를 거치며 바다에서 올라온 수증기를 머금어 눈구름을 형성한다. 이 눈구름이 육지에 도착해 눈으로 내리는데 고창, 정읍 지역이 대표적인 다설지가 된다. 이에 반해 산으로 둘러싸인 분지에 자리 잡고 있는 경상도는 상대적으로 눈이 적은 지역이다. 이곳은 눈이 거의 오지 않거나 오더라도 평균 10센티미터를 넘지 않는 경우가 대부분이다.

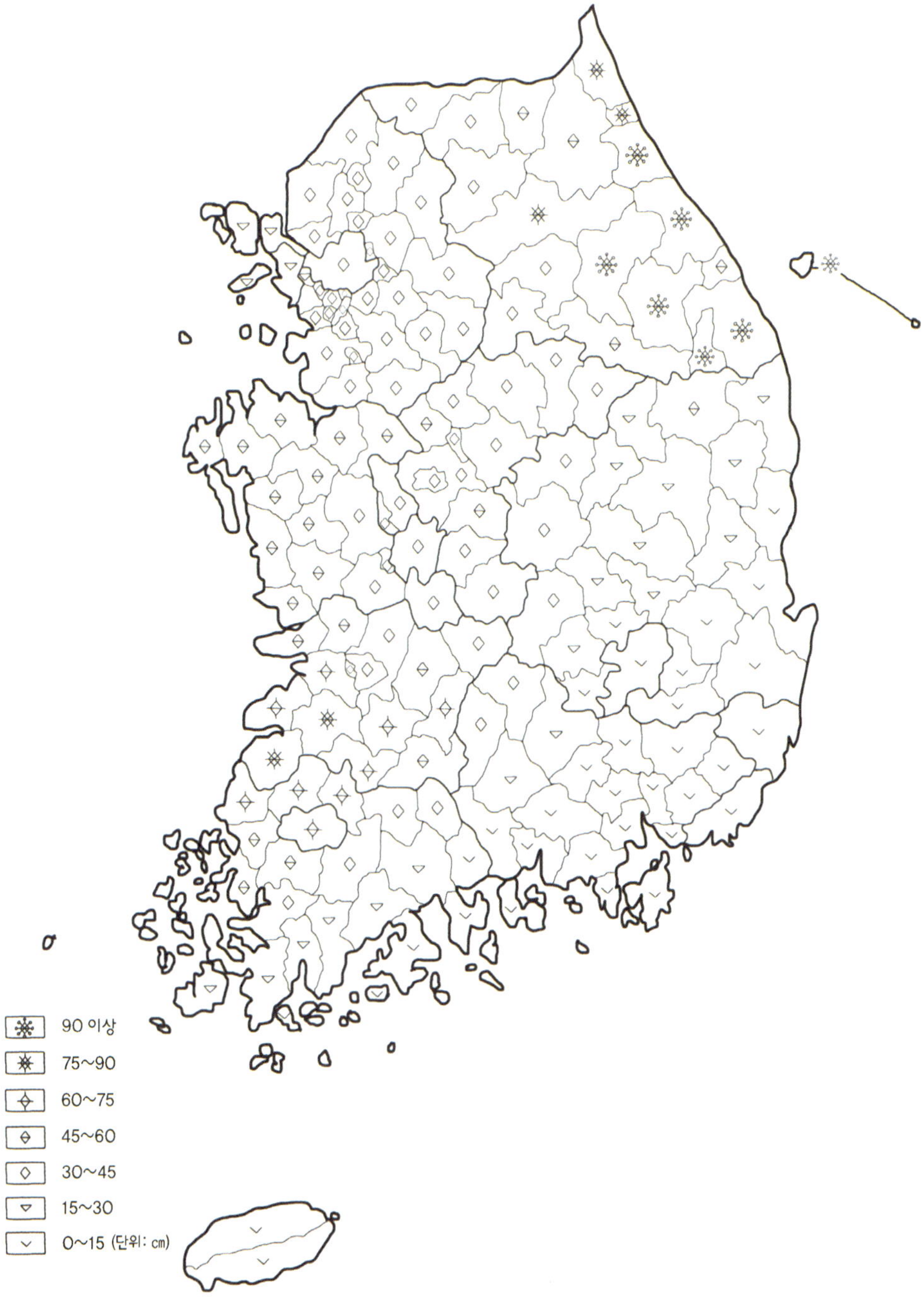

*한국의 적설량 단계를 확인하고 기호마다 임의의 색을 정해 색칠해 보세요.

중국과 러시아를 포함한 한반도 종단 철도

남북 관계가 개선됨에 따라 북한을 거쳐 중국, 러시아와 연결하는 철도 건설 논의가 본격화되고 있다. 영문 첫 글자를 따서 TKR(Trans-Korea Railway)이라고도 부르는 한반도 종단 철도 중 실현 가능성이 큰 첫 번째 노선은 신의주·시베리아 철도 노선으로, 부산이나 광양에서 출발해 중국 횡단 철도에 연결된다. 총연장 1만 2091킬로미터에 이르며 한반도와 중국·카자흐스탄·러시아 등을 통과한다. 두 번째 노선은 원산·시베리아 철도 노선으로, 부산·광양에서 출발해 북한의 동해안을 거쳐 시베리아 철도와 연결되며, 총연장 1만 3054킬로미터이다. 한반도 종단 철도의 연결은 동북아시아의 경제권 구축에 크게 이바지할 것이다.

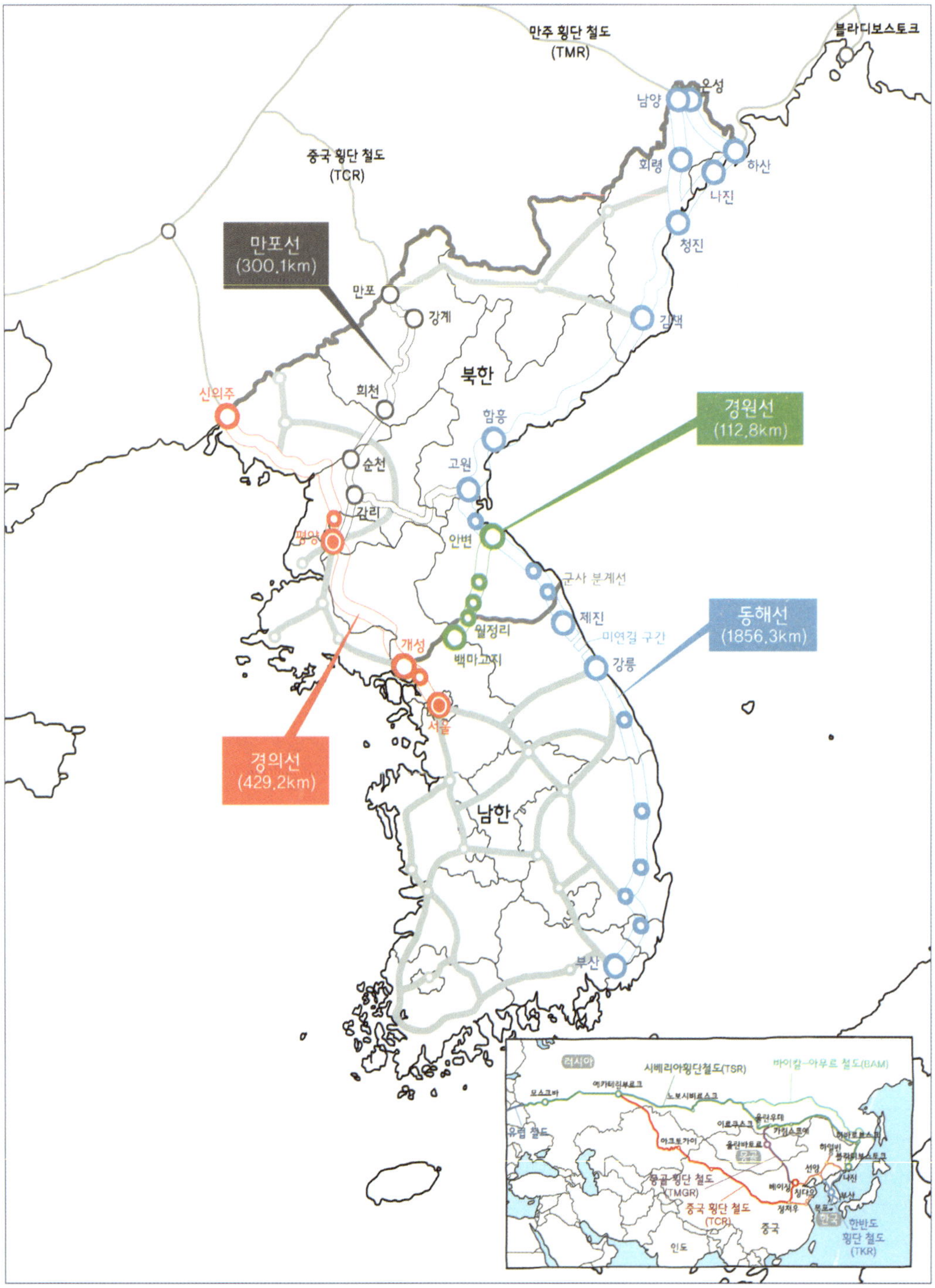

*한반도 종단 철도 노선을 확인하고 임의의 색을 정해 노선을 색칠해 보세요.

한국의 DMZ

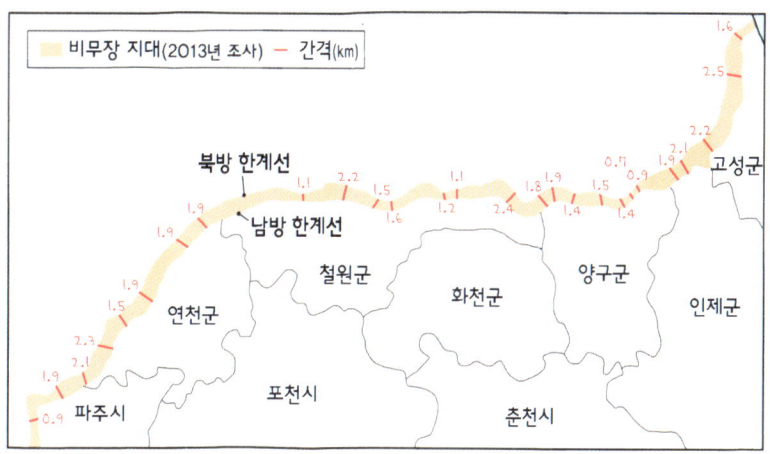

1953년 7월 27일, 3년 넘게 이어졌던 잔인한 전쟁이 멈췄다. 그리고 승자도 패자도 없는 6·25 전쟁은 한반도 허리에 DMZ를 남겼다. 'Demilitarized Zone'의 약자인 DMZ는 '비무장 지대'라는 뜻으로, 남북한의 군사적 충돌을 막기 위한 군사적 완충 지대이다. 서울 면적의 1.5배, 한반도 전체 면적의 250분의 1에 해당한다. '무장이 금지된 지역'은 군사 분계선을 확정하고, 그 선에서 양측이 각각 2킬로미터씩 후퇴하여 남방 한계선(Southern Limit Line, SLL)과 북방 한계선(Northern Limit Line, NLL)을 설정했다. DMZ는 서해의 임진강 하구에서 동해의 고성군 명호리까지 248킬로미터(155마일)이다. 군사 분계선에는 철책도 철조망도 없고, 200미터 간격으로 1292개의 말뚝이 박혀 있다. 현재 DMZ는 모양도 넓이도 달라졌다. 너비 4킬로미터였던 DMZ는 남북 양측이 상대를 관측하기에 좋은 곳을 확보하기 위해 안쪽으로 치고 들어가면서 그 너비가 몇백 미터까지 줄어든 곳도 있다. 민간인 통제선은 말 그대로 민간인들의 출입을 통제하는 선이며, 군사 분계선과 민간인 통제선 사이의 구역이 '민간인 통제 구역'이다. 1954년에 확정했으며, 군사 시설을 보호하고 군사 작전을 수행하기 위해 통제하고 있다.

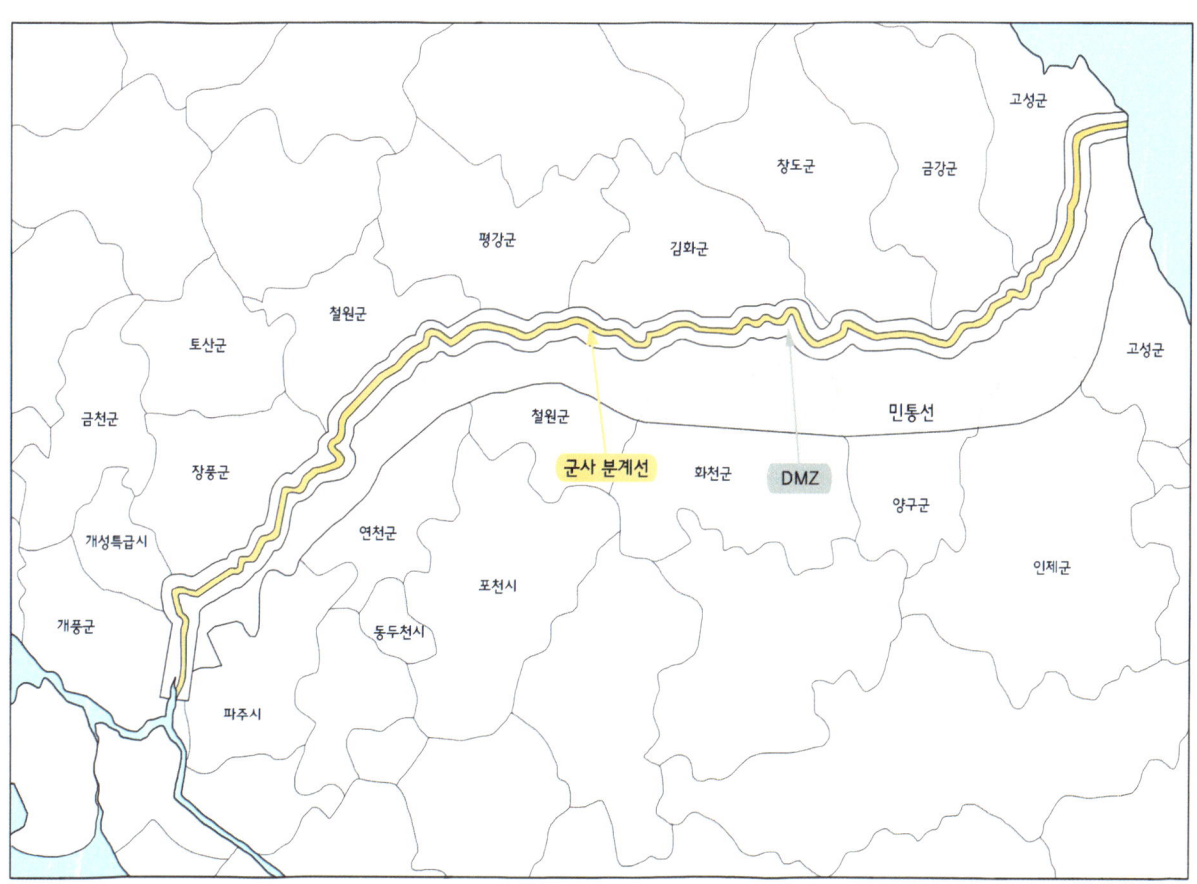

*한국의 DMZ를 확인하고 임의의 색을 정해 DMZ와 민통선 지역을 색칠해 보세요.

개성 공업 지구

개성 공업 지구, 즉 개성 공단은 남한과 북한이 2000년 6·15 공동 선언 이후, 북한 개성시 봉동리 일대에 개발한 공업 단지이다. 개성 공단은 북한이 토지를 남한에 빌려주는 방식으로 만들어졌다. 임대 기간은 50년이다. 개성 공단은 남한의 자본과 기술, 북한의 토지와 노동력이 결합되어 양측에 서로 이익이 되는 경제 발전의 도구이자 통일로 가는 길목 역할을 하는 역사적인 사업이다.

개성 공단은 공장만 있는 그런 곳이 아니라 무역, 상업, 금융, 관광이 가능한 지역이다. 이에 따라 공단은 공장 구역, 상업 구역, 생활 구역, 관광 구역으로 구분하며, 개발업자는 주택 건설업, 관광·서비스업, 광고업 등을 할 수 있으며, 북한 근로자를 채용하는 것을 원칙으로 한다. 물론 관리자, 특수 직종의 기술자, 기능공은 남한이나 다른 나라 인력도 가능하다.

개성 공단은 2016년, 북한의 핵 실험과 장거리 미사일 발사로 인해 가동이 중단되었다. 이에 따라 2012년 현황을 보면 섬유(72), 화학(9), 기계 금속(23), 전기·전자(13), 식품(2), 종이 목재(3), 비금속 광물(1) 등 모두 123개 업체가 들어서 있다. 2011년, 총 생산액이 12억 달러를 돌파했고, 2012년에는 북한 근로자가 5만 명을 넘었다. 남한 근로자는 700~800명 정도이다.

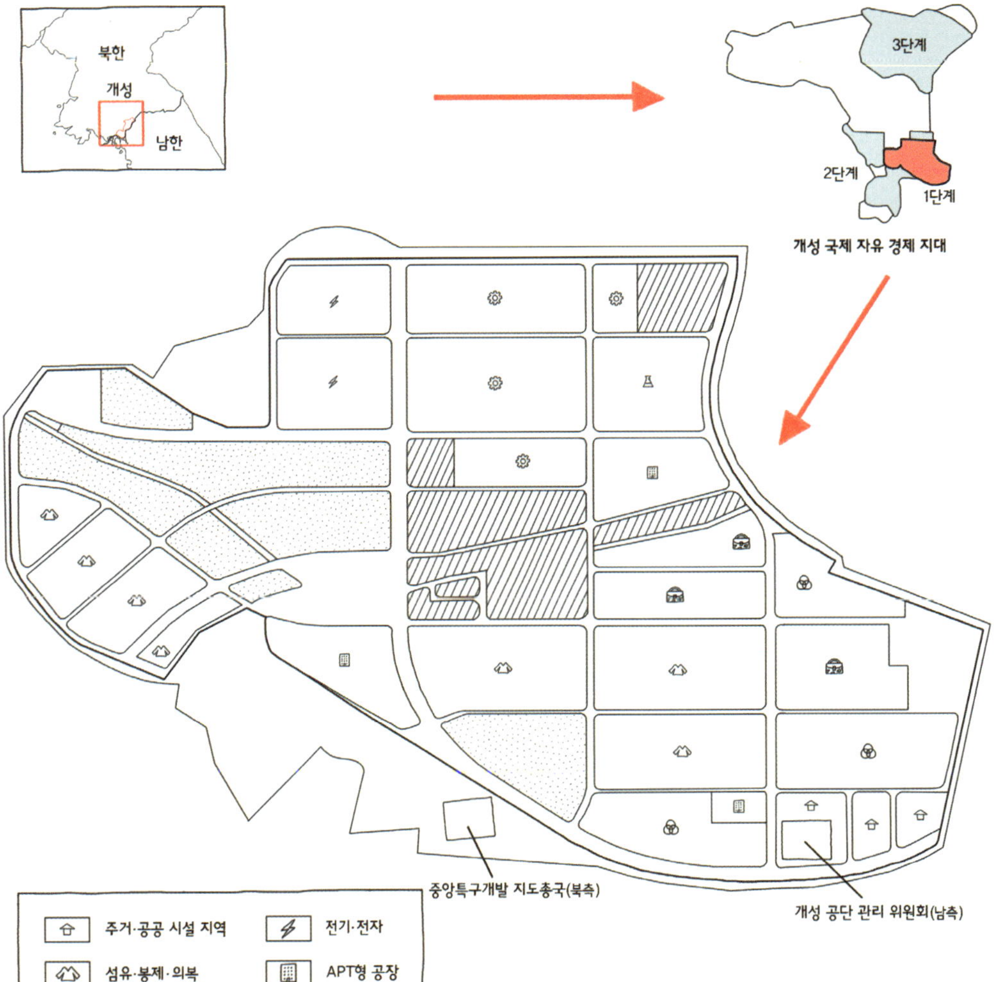

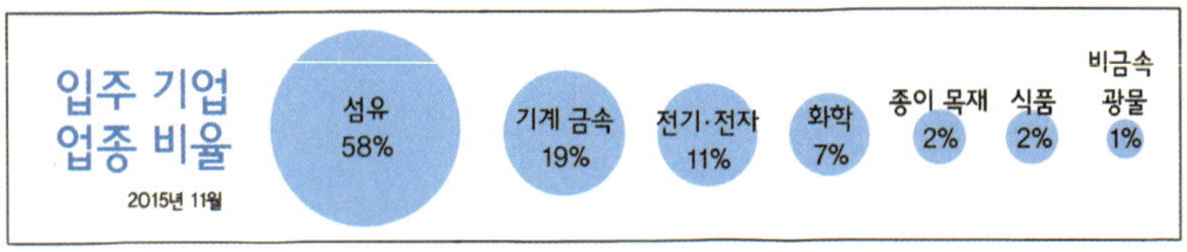

*개성 공업 지구의 업무를 확인하고 기호마다 임의의 색을 정해 색칠해 보세요.

남북한 경제특구

북한에는 남한의 '경제 자유 구역'에 해당하는 경제특구와 경제개발구가 있다. 외자 유치를 통해 경제 개발을 하려는 데 목적이 있다. 북한은 2013~2014년, 총 19개의 경제개발구 개발 계획을 발표했다. 기존의 신의주, 황금평, 나선 등 5개 경제특구를 더하면 24개에 달한다. 이는 '세계의 공장'으로 불리는 중국을 모델로 하고 있다. 하지만 현재는 황금평·위화도 경제특구, 나진·선봉 지구와 금강산, 개성 공단을 빼고는 외국인 투자가 거의 없다. UN의 대북 제재 때문이다.

경제개발구는 각 지역 특성에 맞게 관광, 농업, 공업 등으로 목표를 부여했다. 투자자에게는 관세 면제 조치, 이윤 반출 등 혜택을 주고 있다. 또 토지 임대 기간을 50년으로 하고, 임대료를 거의 무상으로 지원하고 있다. 전문가들은 유망 지역으로 황금평·위화도 경제특구, 압록강 경제개발구, 청진 경제개발구, 와우도 수출가공구 등을 꼽는다. 인구 30만 명이 넘는 배후 도시가 있으면서 육로·항만 등 산업과 생활 기반이 비교적 잘 갖춰졌다는 이유에서이다.

*남북한 경제특구가 위치한 지역을 확인하고 임의의 색을 정해 색칠해 보세요.

원산 관광특구

북한이 원산-금강산 국제 관광 지구 개발 사업을 위해 외국 투자자들을 모으고 있다. 외국 투자자들은 중국, 홍콩, 싱가포르 등 동남아 국가와 중동, 유럽 등지의 대기업과 관광 관련 전문가들이다. 북한은 오는 2025년까지 원산-금강산 국제 관광 지구 개발 사업에 80억 달러를 투자할 계획이다. 개발 계획을 보면, 원산시 중심부와 마식령스키장 지구, 울림폭포 지구, 석왕사 지구, 금강산 지구 등을 연결해서 하나의 특구로 구성한다는 것이다.

특히 김정은 위원장이 어렸을 때 살았다는 원산에 전력을 다하고 있다. 원산 관광특구에 외국인 관광객 수송을 위해 원산 갈마공항을 국제공항 수준으로 확장 공사를 진행 중에 있다. 갈마공항이 완공되면 여름에는 해수욕, 겨울에는 스키장을 이용하는 사계절 종합 관광 단지가 될 것으로 기대하고 있다. 또한 원산시의 숙박 시설을 리모델링하거나 신축하고, 국제 박람회장 구역과 체육 중심 구역, 상업 중심 구역 등을 조성할 계획이다.

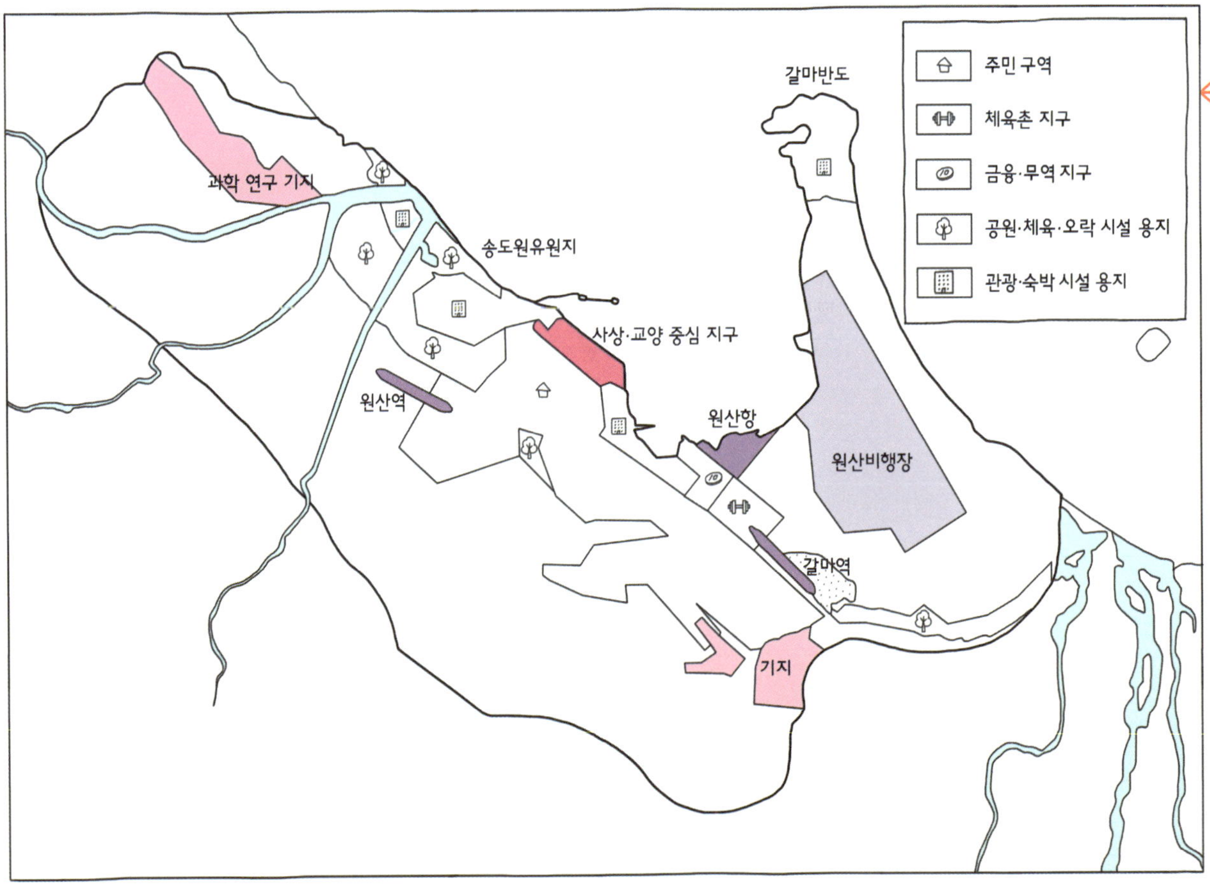

*원산 관광특구를 확인하고 기호마다 임의의 색을 정해 색칠해 보세요.

문재인 대통령, 김정은 위원장과 함께 백두산 방문

문재인 대통령이 2박 3일(2018년 9월 18일~20일)의 방북 일정을 백두산 등정으로 마쳤다. 백두산 등정은 김정은 위원장이 깜짝 제안한 것으로 알려졌다. 삼지연의 하늘이 맑게 개어 보기 힘들다는 천지를 보았다.

김 위원장이 "여기가 제일 천지 보기 좋은 곳인데 다 같이 사진 찍으면 어떻습니까?"라고 제안했고, 이에 따라 두 정상 부부가 함께 사진을 찍었다. 문 대통령은 촬영 도중 "여긴 아무래도 위원장과 함께 손을 들어야겠다."라고 말하면서 손을 올려 잡고 환히 웃으며 사진을 찍었다.

남북 정상의 백두산 천지까지의 이동 경로와 일정

2018년 9월 20일, 오전 7시 27분, 문 대통령 일행 평양국제비행장 출발.

2018년 9월 20일, 오전 8시 20분, 삼지연공항 도착. 자동차를 타고 장군봉으로 이동.

2018년 9월 20일, 오전 10시 20분. 항도역 방문. 이후 케이블카를 타고 백두산 천지에 도착.

*임의의 색을 정해 인물과 풍경을 색칠해 보세요.

산지가 많은 한국의 **북부 지방**

북부 지방은 총면적 중 70퍼센트 이상이 산지이다. 또한 남한에 비해 높은 산이 많은데, 마천령산맥과 함경산맥에는 높이가 2000미터 이상 되는 산들이 많다. 한반도에서 가장 높은 백두산도 북부 지방에 있다. 낭림산맥에서 갈라져 나온 산맥들은 갈비뼈 모양으로 서해를 향해 뻗어 있으며, 해안 가까이에서 낮아진다. 한편 동해 쪽 사면은 대체로 급하다. 따라서 전체적으로 평야의 발달은 남부 지방보다 부족한 편이다.
북부 지방은 '북한'으로 불리는 조선민주주의인민공화국이 자리를 잡고 있다. 조선민주주의인민공화국은 사회주의 국가로, 남한과는 정치적 노선이나 경제 체제가 다르다. 2018년 이후 남북 관계가 좋아지면서 북한이 핵무기를 포기하고, 경제 발전에 전력을 쏟음에 따라 북부 지방의 발전이 기대되고 있다.

류경호텔이 보이는 평양직할시의 풍경

함경도의 특징적인 지형을 살펴보자

함경도는 높은 산과 푸른 동해가 어우러진다.

두만강은 백두산 동쪽 기슭에서 시작해 동해로 흘러들면서 중국과 러시아의 국경을 지나는 강이다. 우리나라에서 두 번째로 길다.

두만강은 동해로 흘러가는 강 중 유일하게 크다.
백두산에서 발원해 한국, 중국, 러시아의 국경 약 520킬로미터를 지나 동해로 흘러든다. 상류는 경사가 급해 여울과 폭포가 많고, 하류는 퇴적 작용으로 생긴 섬들이 많으며 하구에는 삼각주가 있다.

관모봉에는 카르가 있다.
고도 2541미터의 산으로 한반도에서 두 번째로 높고, 2000미터가 넘는 30여 개의 산에 둘러싸여 있다. 관모봉에는 빙하 침식으로 반원극장 모양으로 우묵하게 파인 권곡(카르)이 발달해 있다.

청진만은 낮은 구릉성 산지로 둘러싸여 있다.
청진의 고말반도 남쪽에 있는 만이다. 너비는 약 4킬로미터이며 얕은 편이다. 한류의 영향으로 안개가 짙고, 겨울에는 얼음이 얼 때도 있다. 봄에는 러시아 연해주 지역에서 유빙이 흘러들기도 하며, 대표 무역 항구 도시인 청진시에 있다.

어랑천은 남쪽으로 흐르다가 동해로 흘러든다.
경성군 궤산봉(2277미터)에서 발원해 동해로 흐르다가 경성군에서 명간천과 합류한다. 총 길이는 약 103킬로미터이다. 어랑천은 중·하류에서 심하게 휘어져 흐르며 범람해 함경도에서 비교적 넓은 어랑평야를 만든다.

수성평야는 물이 풍부하다.
수성천이 흘러 바다로 들어가는 유역에 만들어진 삼각주 지역을 중심으로 하는 평야이다. 함북 지역에서는 길주평야, 어랑평야와 함께 3대 평야로 불리며, 물이 풍부해 벼농사에 유리하다.

함흥평야에서는 3개의 강이 만난다.
동서 길이 약 40킬로미터, 남북 길이 약 40킬로미터의 평야로, '함남평야'로도 불린다. 함흥평야의 서쪽은 침식을 받아 형성된 침식 평야이며, 동쪽은 충적 평야로 성천강, 광포강, 금진강의 3개 강이 바다로 흘러드는 삼각주 지역에 발달했다. 관개 시설이 구비되어 있어서 관북 지방의 곡창 지대이다.

칠보산은 함경도의 금강산이다.
칠보산은 금, 은, 진주, 산삼, 산호를 비롯한 7개의 보물이 묻혀 있다고 해서 붙은 이름이다. 하지만 실제로는 산삼을 캔 것 외에 다른 보물들에 대한 기록은 없다. 칠보산은 매우 넓어서 내칠보, 외칠보, 해칠보로 나뉜다.

함경산맥은 북부 지방의 뼈대를 이룬다.
동해가 만들어지는 과정에서 형성된 한국 방향 산맥으로 판단된다. 이 산맥에는 관모봉을 포함한 고도 2000미터 이상의 높은 산들이 있다. 동해안과 나란히 이어지며, 산맥 서쪽에는 개마고원이, 남쪽에는 평야가 발달했다.

칠보산은 기암괴석과 산세가 아름다워 '함북 금강'이라고도 불린다.

함경도의 지형 색칠하기

함경도의 지형을 색칠하며 함경도 지형의 높낮이와 형태를 알아보자.

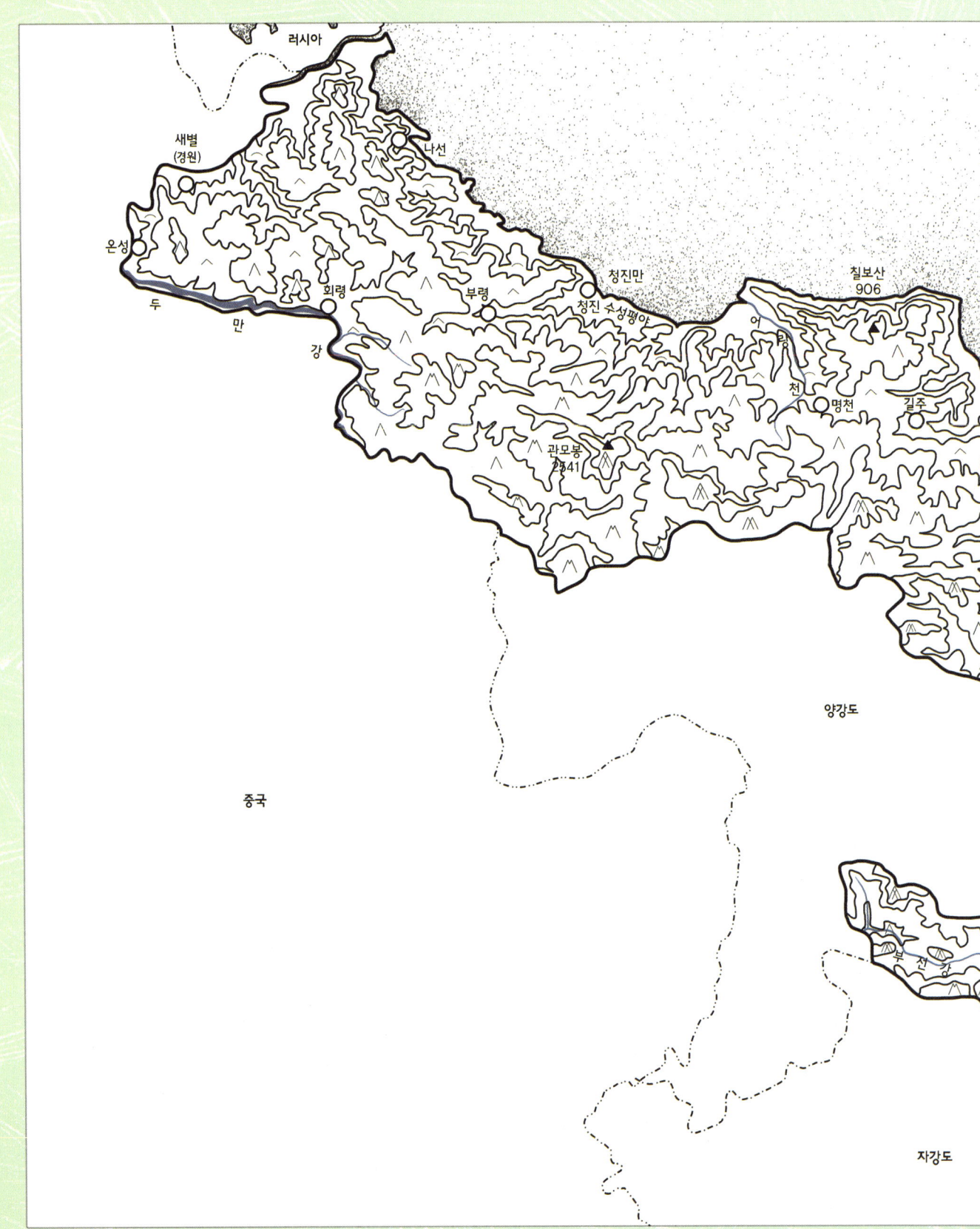

*지도의 방향은 인덱스 지도를 참조하세요.

단천
이원
북청
동 해
홍원
신흥
함흥
함흥평야
호도반도
정평
고원
강원도(북)
장진
평안남도
황해북도

함경북도
함경남도

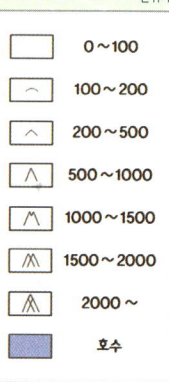
•단위: m

	0~100
	100~200
	200~500
	500~1000
	1000~1500
	1500~2000
	2000~
	호수

함경도에는 어떤 도시가 있을까?

함경도는 중국, 러시아와 맞닿아 있어서 발전이 기대되는 지역이다. 함경도의 도시에 대해 알아보자.

함흥에 있는 강철 공장의 모습이다. 함경남도 기계 공업의 중심지는 함흥시와 흥남시인데 수십 개의 중앙공업 기계공장들이 있다.

함경도의 '함'은 '함흥'에서 나왔다.
예부터 시장이 발달해 조선의 3대 정기 시장으로 유명했다. 시를 가로지르는 성천강이 자주 범람했으나 1921년의 하천 개수를 통해 범람이 잦아들었다. 인구가 50만이 넘어 북한에서는 큰 도시에 속한다.

함경도의 '경'은 '경성'에서 나왔다.
시내에는 오촌천, 주을천이 흐르고 하천 하류에는 평야가 발달했다. 주로 논농사보다는 밭농사를 행했다고 알려져 있다.

청진은 앞으로가 더 기대되는 항구 도시이다.
항구 도시로 무역항 역할을 하며, 배후는 무산철산을 비롯한 탄광 지역이다. 지하자원과 수력 발전을 바탕으로 제철, 제강, 인조 섬유 등 화학 공업이 활발하다. 해안에는 수산물이 풍부해 수산 가공업도 발달했다.

회령은 직물 제조가 발달했다.
북쪽의 두만강을 경계로 중국의 지린성과 마주하며, 1991년에 시로 승격되었다. 함경산맥이 지나서 산지가 많지만, 두만강 연안에는 평야도 일부 있다. 농업과 함께 기계 및 직물 제조가 발달했다.

허천군은 갑산의 옛 이름이다.
허천강발전소에서 지명이 왔다. 허천은 사람이 살지 않는 마을에 큰 강이 흐른다는 뜻이다. 고도 1000미터 이상의 높은 지역이다. 구리, 아연 등 지하자원이 풍부해 만덕광산과 상농광산 등에서 금속 및 비금속 광물을 생산하고 있다. 빛깔이 좋은 사과가 특산물이며, 소 사육과 양잠이 활발하다.

회령의 특산물 육쪽마늘

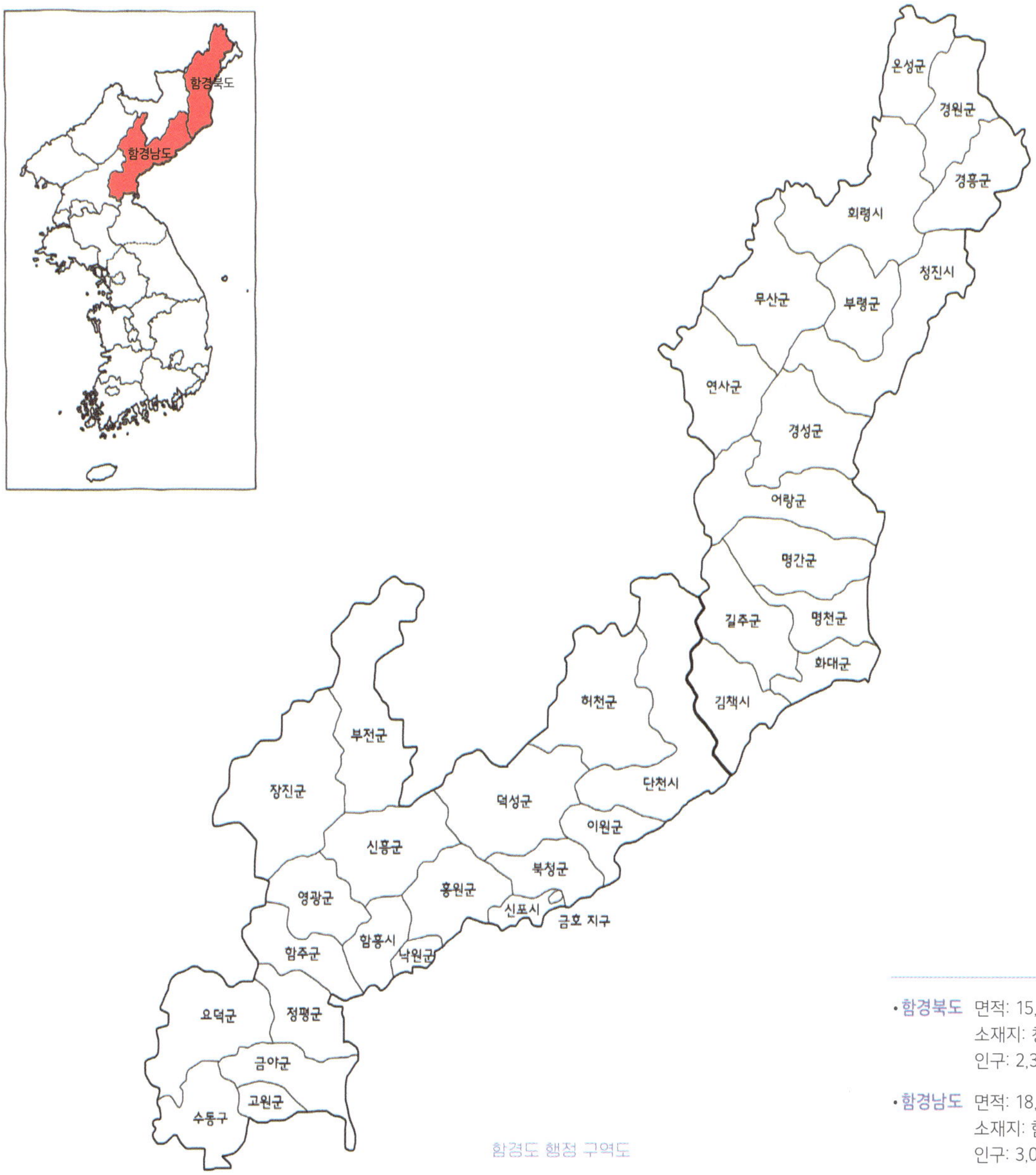

함경도 행정 구역도

- **함경북도** 면적: 15,980㎢
  소재지: 청진시
  인구: 2,327,362명(2008년)
- **함경남도** 면적: 18,534㎢
  소재지: 함흥시
  인구: 3,066,013명(2008년)

일제 강점기, 옛 청진의 명치정거리가 담긴 사진엽서. 청진항은 1904~1905년 러·일 전쟁 후 군사와 물자가 오고 가는 항구로 크게 발전했다.

신포는 수산업이 발달했다.
동해안에 있는 도시로, 북부에는 산지가 있고 남부에는 평야가 있다. 주요 산업은 원양 어업을 통한 수산업이며, 명태, 청어, 멸치 등이 생산된다. 명란젓과 창난젓이 유명하다.

단천은 세계 최대 마그네사이트 도시이다.
북부에는 화산 분출로 만들어진 현무암 지대와 고도 2300미터의 두류산이 있다. 남부에는 단천평야가 있으며, 쌀, 옥수수, 콩이 재배된다. 광업과 기계 공업이 이루어지고 있고, 잠재 가치 3000조에 이르는 마그네사이트 광산이 있다.

성진은 김책 공업 지구의 중심이다.
김책시로 불리며, 해안 지대는 평지이지만 서부와 북부는 산지이다. 김책 공업 지구의 중심 도시 역할을 하고 있다.

온성군은 한반도에서 가장 북쪽에 있다.
한반도 최북단에 위치하고 있으며, 광복 전에는 면양을 많이 사육해 '온성면양'과 털실 생산으로 유명했다. 지금은 몽고종보다는 양털 질이 좋은 호주산 코리데일 품종을 도입해 사육하는 것으로 알려져 있다.

어랑군은 함경북도에서 쌀 생산이 가장 많다.
어랑천 하류인 어랑평야는 함경북도 동해안에서 가장 넓은 평야이다. 농업과 수산업이 주요 산업이며, 논과 밭의 비율이 비슷하다. 쌀은 함경북도에서 생산량이 가장 많고, 쪽파, 들깨 등도 재배된다. 이 밖에도 식료품·수산물 가공·가구 등의 생산이 많고, 특히 명란젓과 낙지 가공품이 유명하다.

무산군은 철광석이 풍부하다.
철광석과 원목이 풍부하다. 따라서 주요 산업은 광업이며, 특히 무산광산은 대규모 철광석 광산이다. 이곳의 철정광은 청진시·김책시·송림시에 있는 제철소로 공급된다. 광업 다음으로는 임산업과 목재 가공업이 유명하다.

부전군에 가면 분비향이 난다.
부전령(赴戰嶺)에서 온 지명이며, 이는 '싸움에 나선다'는 뜻이다. 고려와 조선 시대에도 외적을 막기 위해 많은 군사들이 파견된 곳이다. 부전군은 북한의 핵심적인 원목 산지로, 여러 개의 임업 관련 사업소가 있다. 특히 이곳에 있는 분비나무에서 나오는 분비향은 특산물로 유명하다.

요덕군에는 뽕나무가 많다.
산악 지대로 경지 면적이 적고, 예부터 뽕나무를 이용한 양잠업과 양봉업이 발달했다. 또한 사과·배 등 과수 재배가 성하고, 아마·홉 등 특용 작물 재배도 성하다.

북청은 과일로 유명하다.
북청은 예부터 과일로 유명했으며 과수밭이 많다. 사과, 배, 복숭아, 살구 등을 주로 기르며 북한에서 가장 큰 과수 기계 생산 기지인 북청과수기계공장이 있다.

금야군에는 갈탄과 흑연이 많이 난다.
함경북도에서는 보기 드문 평야 지대로, 논이 밭보다 많다. 따라서 쌀·밀, 양잠업 등이 활발하다. 한편 바닷가이지만 항구 발달은 미약하며, 수산업이 활발하지는 못하다. 대신 농기구와 트랙터 등을 생산하는 기계 공업이 발달했고, 갈탄(금야청년광산)과 흑연 생산이 많다.

낙원은 북한의 주요 수산 기지이다.
낙원에는 어업과 수산물 가공 및 보관 냉동 창고, 천해 양식과 배 수리에 이르기까지 수산업 발전에 필요한 현대적인 시설이 갖추어져 있다. 주요 수산물은 명태, 정어리, 청어, 임연수어, 가자미, 오징어, 도루묵, 섭, 생복, 다시마, 미역 등이다.

홍원은 소나무 경치와 털게로 유명하다.
홍원의 해안에는 송도, 까치섬, 솔섬, 대섬 등 작은 섬들이 있으며, 이들 섬 중에는 천연기념물도 있다. 넓게 사취가 형성되어 있고 소나무는 방풍림을 형성해 일대의 경치를 더욱 아름답게 해 준다.

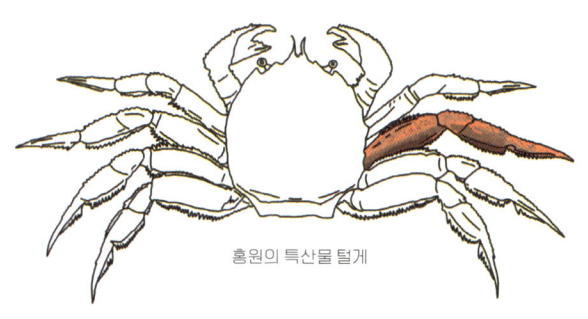
홍원의 특산물 털게

나선특별시의 자유 경제 무역 지대 계획도 색칠하기

나선특별시의 자유 경제 무역 지대 계획도를 색칠하며 나선특별시의 특징을 살펴보자.

나선특별시의 전경. 나선은 요즘 국제화 도시로 변모 중이다. 관광 및 사업 차 방문한 외국인을 위한 식당, 은행 등 다양한 편의 시설들을 갖춘 오피스텔 단지가 나타났다.

나진과 선봉이 합쳐져 나선특별시가 되었다. 이곳에는 라진과 웅기라는 마을이 있었다. 라진은 작은 어촌, 웅기는 작은 항구 도시였다. 1945년 북한군과 소련군이 일본에 맞서 최초로 상륙한 것을 기념해 웅기가 '선봉'이 되었다. 그리고 시장 경제화가 진행되면서 북한, 중국, 러시아가 접하는 이곳에 나진·선봉 경제 무역 지대가 설치되었고, 이후 나선특별시가 되었다. 북동쪽으로 중국 지린성 옌벤 조선족 자치주 훈춘시와 러시아 프리모르스키 지방 하산스키군 하산에 접하는 동해의 항구 도시이자 겨울에도 얼지 않는 부동항을 보유하고 있다.

나선은 두만강을 끼고 있어서 용수가 풍부하고 큰 배가 드나들기에도 유리하다. 그리고 중국, 러시아와도 가까워 외국 자본의 투자를 통해 수출 가공, 관광 및 금융 기반을 갖춘 국제적인 경제 구역으로 만들려고 노력 중이다. 1991년 북한은 이곳에 자유 경제 무역 지대를 만들어 국제 화물의 중개 기지, 제조업 기지, 국제 관광지로 개발하려고 한다. 나선은 대부분 산지이다. 함경산맥에서 뻗어 나온 산줄기들이 지나는 곳이다. 두만강 하구에는 강이 퇴적시켜 만든 삼각주가 발달해 있다. 나선직할시는 동해안의 주요 어업 기지이다. 나진만·선봉만 등에서는 다시마와 조개 등을 양식한다. 또 서번포·동번포 등 호수에서는 숭어·붕어 등을 기르고, 동번포는 굴로 유명하다. 나선에는 유적지가 많다. 조선 시대 초기 것으로 보이는 공주성·조산진성·우암보성 등의 일부가 남아 있다. 또 석기 시대 유물과 유적이 웅기(선봉)에서 발견되었으며, 알섬은 여러 바닷새들이 번식을 하는 곳으로, 북한 천연기념물로 지정되어 있다.

자강도와 양강도의 특징적인 지형을 살펴보자

자강도는 전체 면적의 97.4퍼센트가 산지로 이루어져 있다. 양강도는 압록강과 두만강 상류에 속하는 고원 지대이다.

자강도

낭림산맥은 태백산맥으로 이어진다.
한국 방향 산맥으로 함경도와 평안도의 경계를 이룬다. 남쪽으로는 태백산맥과 이어져 있어 백두 대간을 이룬다. 관서 지방과 관북 지방의 교통에 장애가 되었지만 철도가 뚫리면서 어느 정도 완화되었다.

강남산맥은 지하자원이 풍부하다.
금, 은, 납, 아연 등 지하자원이 풍부하게 매장되어 있다. 중국과 한반도의 경계와 나란히 있으며, 길이는 약 290킬로미터, 평균 고도는 약 930미터이다.

양강도

백두산은 한반도에서 가장 높은 산이다.
고도 2744미터로, 한반도에서 가장 높은 산이다. 삼지연군과 중국 지린성의 경계에 있다. 지리산까지 이어지는 백두 대간이 시작되는 곳으로서 우리 민족의 정기가 발원한 곳이다. 활화산으로 근래 화산 활동을 하는 것으로 알려져 있다.

백두산은 한반도에서 가장 높은 산으로, 중국과 마주하고 있다. 보통 백두산에서 시작해 금강산, 설악산, 태백산, 소백산, 지리산까지 이어지는 산줄기를 '백두 대간'이라고 한다.

압록강 상류의 모습. 한반도에서 가장 긴 강인 압록강은 중국과 경계를 이루며 황해로 흘러간다.

장진강과 부전강은 개마고원을 흐른다.
장진강(261킬로미터)과 부전강(124킬로미터)은 압록강 지류이다. 장진강은 황초령, 마대령 등에서 발원하고 부전강은 부전령에서 발원해 개마고원 지역을 흘러 강구포에서 합류한다.

개마고원은 한반도의 지붕이다.
면적 1만 4300제곱킬로미터, 평균 고도 1340미터로 '한반도의 지붕'이다. 마천령산맥과 낭림산맥 사이에 있으며, 지역에 따라 낭림고원, 장진고원, 부전고원이라고 나누어 부르기도 한다. 전체적으로 지반 융기로 만들어졌으며, 북부는 용암 대지이다.

마천령산맥은 백두산을 품는다.
척추 모양의 한국 방향 산맥으로, 백두산에서 두륜산까지 길이는 약 140킬로미터이다. 산맥의 평균 고도는 약 1860미터이고, 북한에서는 '백두산맥'이라고 부른다.

압록강은 한반도에서 가장 긴 강이다.
한반도와 중국의 경계를 따라 흐르는 강이다. 길이가 약 803킬로미터로, 한반도에서 가장 길다. "물빛이 오리의 머리 색과 같아 '압록수'라 불린다."라는 말에서 지명이 비롯되었다. 명당봉에서 발원해 서해로 빠져나간다.

자강도와 양강도의 지형 색칠하기

자강도와 양강도의 지형을 색칠하며 자강도와 양강도 지형의 높낮이와 형태를 알아보자.

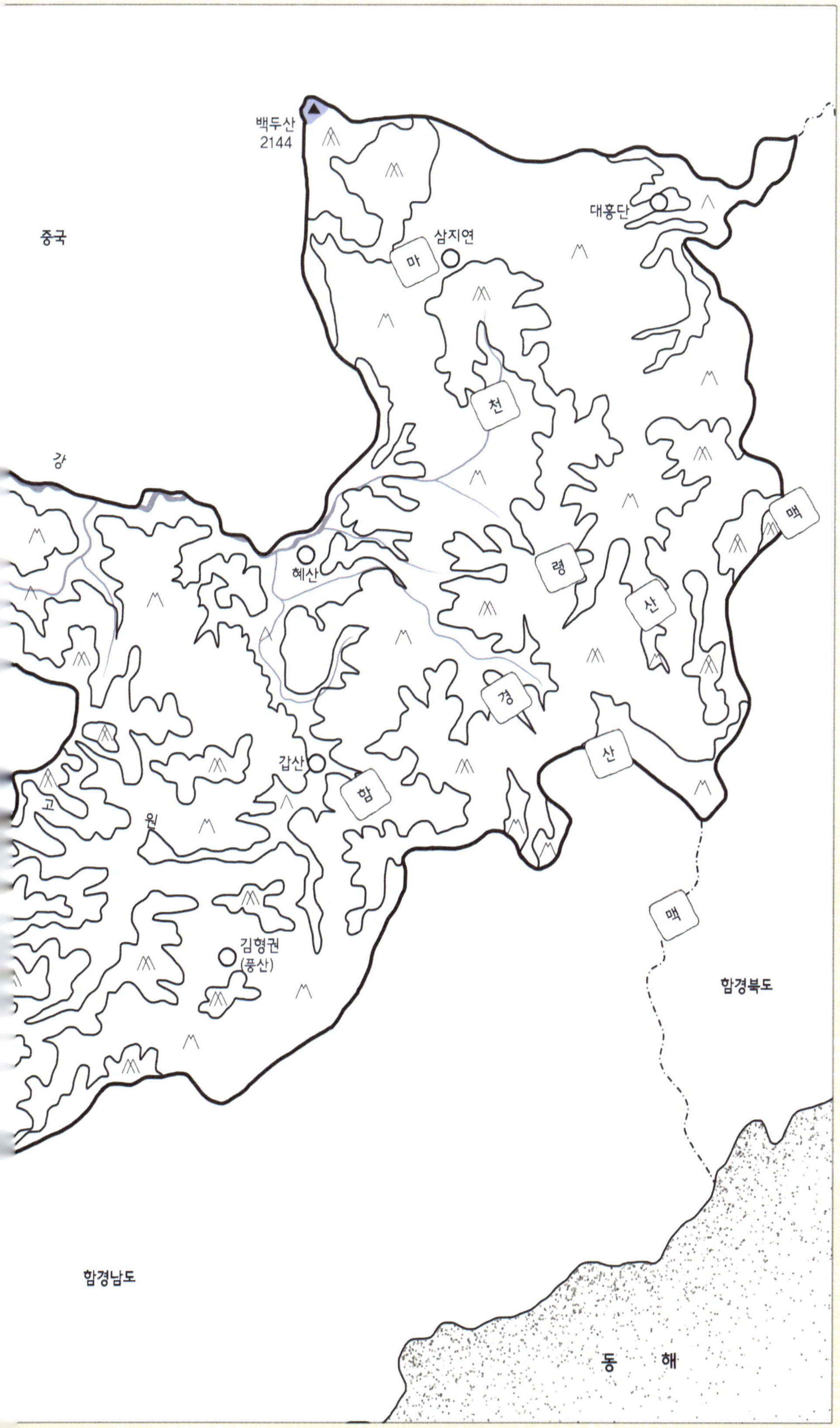

중국
백두산 2144
대홍단
삼지연
마
천
혜산
령
맥
산
갑산
함
경
산
김형권 (풍산)
고 원
맥
함경북도
함경남도
동 해

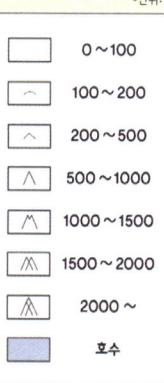

• 단위: m

	0~100
	100~200
	200~500
	500~1000
	1000~1500
	1500~2000
	2000~
	호수

자강도와 양강도에는 어떤 도시가 있을까?

자강도와 양강도는 광복 이후 새로 만들어진 도이다. 자강도와 양강도의 도시에 대해 알아보자.

자강도

자강도의 '강'은 '강계'에서 왔다.
정치, 행정, 교육, 공업의 중심지이다. 분지에 있으며, 장자강이 시내를 지나면서 하천을 따라 평야가 발달했다. 6·25 전쟁 당시 유엔군이 38선을 넘어 북진하자 북한 정부가 임시 수도로 삼았던 곳이기도 하다.

만포는 발전소의 도시이다.
압록강 연안의 좁은 평야 지역에 있으며, 전기를 생산하는 발전소가 많다. 전력 발전에 유리해 장자강발전소뿐만 아니라 송하발전소, 송학발전소 등 여러 발전소가 있다.

중강은 한반도에서 가장 추운 곳 중 하나이다.
조선 시대에는 군사적 요충지로서 '중강진'이라고 불렸다. 압록강의 퇴적 작용으로 이루어진 중강벌이 펼쳐져 있는데 이는 자강도의 3대 벌 중 하나이다. 농업과 광업이 발달했으며, 뽕나무를 이용한 양잠업이 발달했다. 철, 석탄, 구리, 몰리브덴 등의 지하자원이 풍부하다.

자성은 화전민이 많아 산삼 채취가 활발하다.
하천이 만든 충적지와 분지를 이용해 콩, 옥수수, 감자 등을 재배하고, 목축도 발달했다. 철, 흑연, 금, 구리 등이 풍부한데 아직 채굴은 부진한 상태이다.

강계시 자북산에 건설된 강계스키장이 2018년 1월에 개장했다.

위원은 왕에게 진상했던 위원벼루로 유명하다.
압록강을 사이에 두고 중국과 마주 보고 있다. 고원지대에 위치하고 있으며 산지가 많은 까닭에 대표적인 산업은 목재를 생산하는 임업과 과수 중심의 밭농사이다. 벼농사는 여름 기온이 낮고 강수량이 적어 거의 짓지 않는다.

초산의 특산품은 개가죽으로 만든 담배쌈지이다.
밭농사 중심이며, 콩, 수수, 감자, 잎담배 등이 생산된다. 축우, 양돈, 양잠, 양봉 등도 행해지는 한편, 산삼과 갖가지 한약재가 많이 산출된다.

용림에는 천연기념물 용림큰곰이 있다.
용림 일대에는 천연기념물로 지정된 용림큰곰이 사는데 몸길이는 1.5~2미터이고 몸무게는 150~500킬로그램이다.

화평은 화평꿀이 유명하다.
원시림이 그대로 보존되어 있는 오가산에서 나는 화평꿀은 독특한 향과 우수한 질로 소문이 자자하다.

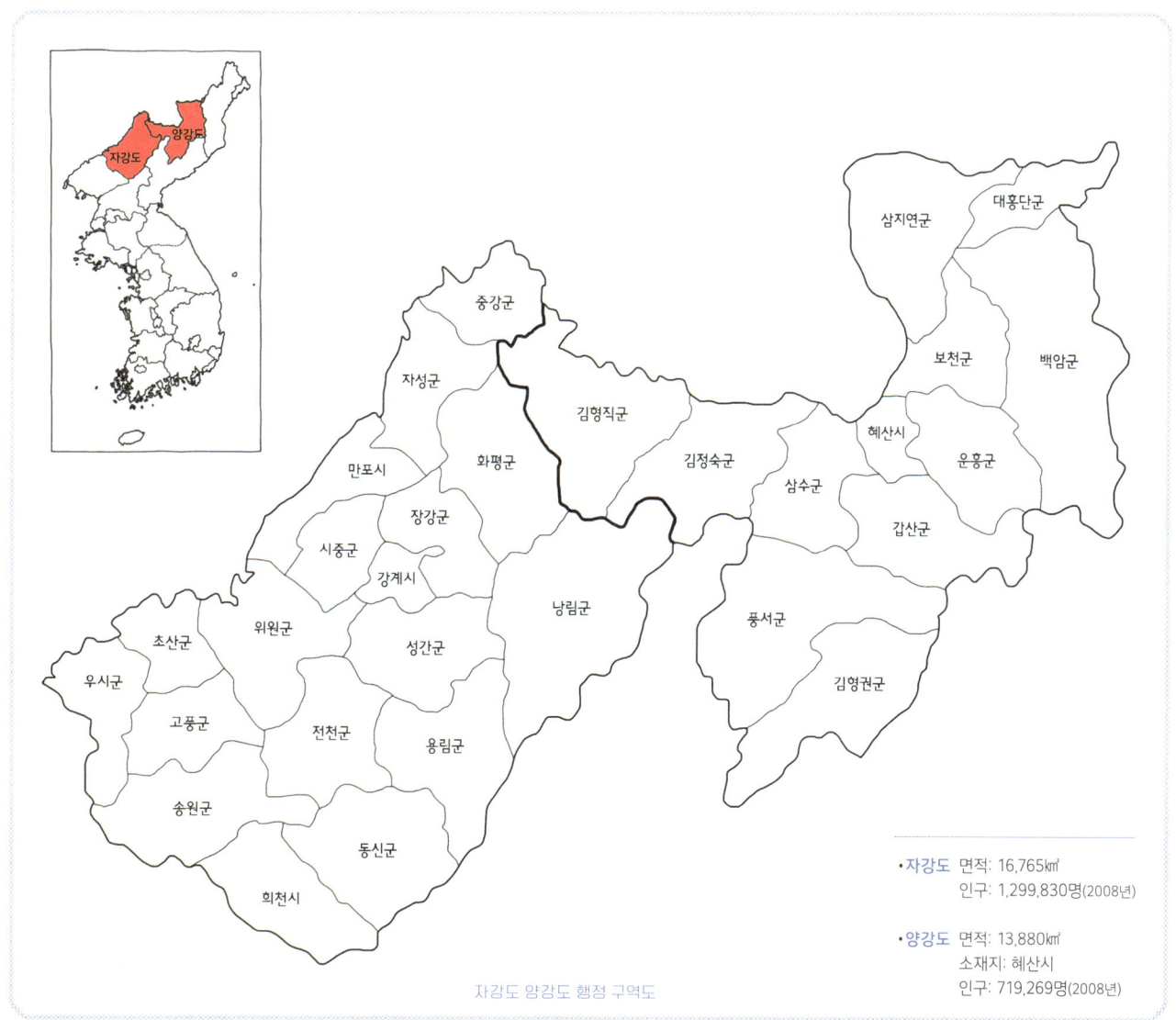

자강도 양강도 행정 구역도

• **자강도** 면적: 16,765㎢
  인구: 1,299,830명(2008년)

• **양강도** 면적: 13,880㎢
  소재지: 혜산시
  인구: 719,269명(2008년)

2014년 혜산시 도예술극장에서 모란봉 악단이 공연하는 모습이다.

우면과 시면을 합쳐 우시군이다.
우면은 기우제를 지내던 마을, 시면은 시제를 지내던 마을이라는 뜻이다. 압록강 주변의 평지에서는 쌀이 생산된다. 농기계·가구·식료품 공업이 작은 규모로 발달해 있다. 가하리에 가하(연수골)약수가 있는데, 그 주변은 요양지로도 이용되고 있다.

낭림군은 낭림산맥에 자리 잡고 있다.
높고 깊은 산을 낀 낭림산맥 산줄기가 지나고 있어서 낭림군이라 했다. 고도 800~1000미터의 고원 지대로, 감자, 옥수수 등을 경작하고 소, 염소 등을 키운다. 흑연·구리 등의 지하자원이 풍부하고, 도내에서 가장 큰 원목 생산지이다.

양강도

삼지연군은 백두산과 백두 용암 대지가 있는 고원 지대이다.
2000미터 이상의 고산들이 많다. 산림 자원이 풍부하며, 경작지는 전체 면적의 10퍼센트 정도뿐이다. 여름이 짧은 까닭에 밀, 감자, 고랭지 배추, 무 등이 재배된다. 원목 생산량이 풍부해 임업이 발달했다.

풍산군(김형권군)은 풍산개로 유명하다.
고원에 자리 잡은 군으로, 지금은 김형권군으로 불린다. 허천강이 군의 중앙을 흐르며 수자원이 풍부해 수력 발전에 이용된다.

혜산은 양강도의 도청 소재지이다.
양강도에서 가장 발달한 공업 도시이며, 종이, 천, 시멘트, 주류 등의 공업이 발달했다. 또한 구리와 마그네사이트가 풍부해 광업도 발달했다. 여름이 짧고 겨울은 춥고 길어서 농업은 불리하지만 맥주보리는 생산량이 많다.

혜산의 특산물 들쭉

후창군(김형직군)은 양강도에서 가장 낮은 지역이다.
김일성의 아버지이자 반일 민족 운동가인 김형직의 업적을 기리기 위해 군 지명을 후창군에서 김형직군으로 고쳤다. 산지 지역으로 주요 산업은 임업이지만 해발 고도가 비교적 낮아 농업도 발달했다. 농산물로는 밭작물이 주류를 이루는데, 특히 고추가 유명하다. 목재를 이용한 가구·성냥 공장 등이 있다.

신파군(김정숙군)은 갈과 칡이 많다.
'신파'는 '신갈파(新乫坡)'의 준말이며, '갈파'는 갈(섬유 작물)과 칡이 많은 곳이란 뜻이다. 신갈파는 15세기에 갈파 지역에 새로 개척된 곳이란 뜻이다. 그러다 1981년 김일성의 부인 김정숙을 기리기 위해 김정숙군으로 지명을 고쳤다. 고원 지대로서 임업이 주요 산업이며, 원목을 많이 생산한다. 양강도가 전체적으로 산지인 것을 감안해 보면 다른 지역에 비해 상대적으로 벼농사를 많이 짓는 곳이기도 하다.

산 중에서도 갑이라 갑산이다.
한반도에서 가장 높은 산, 높은 고개가 많다고 해서 갑산이라고 부른다. 특산물로는 감자녹말과 아마·홉 등이 유명하고, 초지가 발달해 소 사육이 활발하다. 동점광산(일명 갑산동산)에서는 질 좋은 철과 구리가 많이 생산된다.

희천은 기계와 무기 공업이 발달한 도시이다.
시내로 청천강이 흐르는 분지에 있다. 광복 후 발전되기 시작한 공업 도시로, 기계 공장과 병기 공장이 있으며, 청천강 상류에 희천 제2 수력 발전소가 있다.

대홍단군은 대홍단벌을 끼고 있다.
대홍단벌을 끼고 있어 대홍단군이다. '대홍단'은 진달래, 철쭉이 피어 붉게 물든 들이 개울가에서 갑자기 끊긴 곳이라는 뜻이다. 임업이 발달한 곳이었으나 차차 감자, 보리 등 농업 중심 지역으로 바뀌었다. 대홍단군은 백두산과 가까워 단군이 하늘에서 내려온 성지인 '하늘처럼 높고 넓은 들(천리천평)'이 있다.

대홍단의 특산물 감자

평안도의 특징적인 지형을 살펴보자

평안도는 산세가 험하지만 서해를 마주하며 들판이 펼쳐져 있다. 일찍부터 중국과 우리나라를 잇는 길목에 위치해 있기도 하다.

묘향산맥을 중심으로 대동강과 청천강이 나뉜다.
대동강과 청천강이 나뉘는 곳이며, 금, 흑연, 무연탄 등이 풍부하게 매장되어 있다. 아름다운 절벽과 폭포, 동굴 등이 많고 그중에서 묘향산이 가장 유명하다.

대동강은 북한을 대표하는 강이다.
평안도와 함경도 사이의 한태령에서 발원해 평양과 남포를 지나 서해로 흐른다. 길이는 약 450킬로미터로, 한반도에서 다섯 번째로 긴 강이다. 대동강 주변은 일찍부터 사람들이 거주하며 농경이 발달했다.

청천강은 살수 대첩의 기억을 담고 흐른다.
석립산에서 발원해 서해로 흐른다. 하류 지역에 흙과 모래가 많이 퇴적됨에 따라 강 하류에 자리하고 있는 안주와 박천에 충적 평야가 발달했다. 고구려 때는 살수로 불렸으며, 을지문덕 장군이 수나라 대군의 침략을 막은 살수 대첩이 펼쳐진 곳이기도 하다.

적유령산맥은 주요 강의 지류가 시작되는 곳이다.
압록강과 청천강의 여러 지류가 발원한다. 적유령, 구현령 등의 고개는 예부터 압록강과 청천강 지역으로 이어지는 교통로였다.

| 압록강 유역 일대는 침엽수와 활엽수가 무성한 밀림을 이루며, 예부터 산삼의 명산지였다.

대동강은 낭림산맥에서 시작해 황해로 흐른다. 평양, 남포, 평성, 송림을 비롯한 큰 도시들을 끼고 큰 공장들이 배치되어 있는 주요한 강이다.

묘향산은 4대 명산 중 하나이다.
금강산, 지리산, 구월산과 함께 4대 명산으로 꼽히는 산이다. 산세가 아름답기로 유명하며, '태백산' 또는 '향산'으로도 불렸다. 향목, 동청 등 향이 나는 나무가 많아 묘향산이라고 불리게 되었다.

용천평야는 북한의 주요 곡창 지대이다.
서울의 약 3분의 2만 한 평야로, 강 하구의 삼각주 지대와 간척지 및 구릉지로 이루어져 있다. 일찍이 농업이 발달한 곳이며, 오늘날 북한의 주요 곡창 지대이다.

안주·박천평야는 과수 농업이 발달했다.
안주평야와 박천평야를 통합해 '안주·박천평야'라고 한다. 북쪽으로는 대령강과 청천강이, 남동쪽으로는 대동강이 흐르고 있어 농업에 유리하다. 강수량이 적어 과수 농업이 발달했다.

용연폭포는 묘향산의 아름다운 폭포이다.
묘향산의 남쪽 기슭에 위치한 폭포로, 법왕봉 계곡에서 흘러나온 물이 용소에 차올라 있다가 떨어지면서 폭포를 이룬다.

통군정은 정사각형이다.
평안북도 의주군에 있는 정자로, 중국과 마주 보이는 곳에 있다. 의주성에 있던 봉수대의 이름이 통군정이었던 것으로 보아 그 이름을 인용한 것으로 보인다. 고려 시대 초기에 지어진 것으로 추정되며, 6·25 전쟁 때 파괴되었고, 다시 복구했다.

수풍호는 일제 당시 북한 최대의 인공 호수이다.
평안북도와 자강도에 걸쳐 있는 호수이다. 서울시 절반 정도의 면적이며, 호수 둘레는 약 1074킬로미터이다. 1940년 수풍댐이 건설됨에 따라 생긴 호수로, 수풍호는 전력과 홍수 조절 기능을 한다.

평안도의 지형 색칠하기

평안도의 지형을 색칠하며 평안도 지형의 높낮이와 형태를 알아보자.

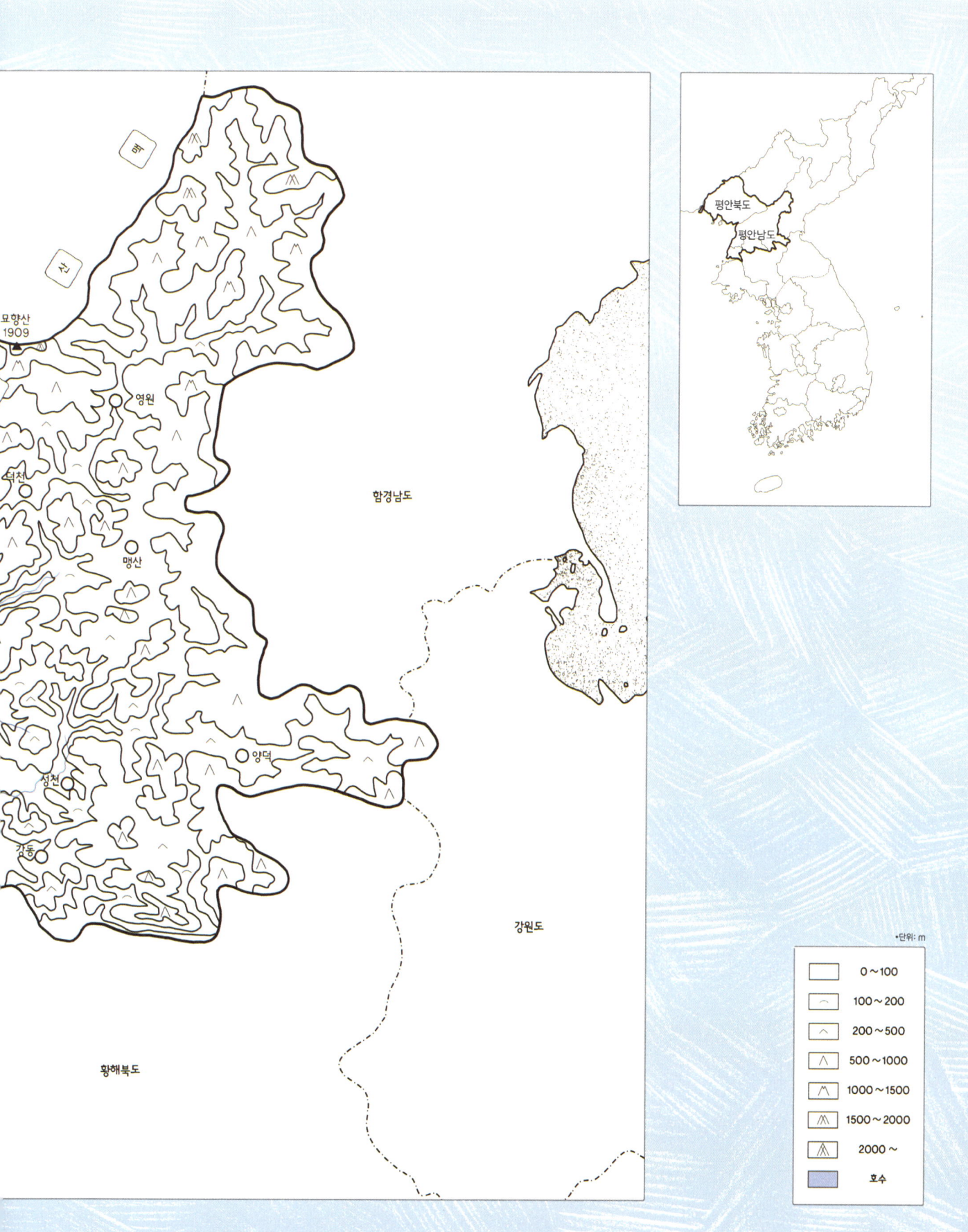

평안도에는 어떤 도시가 있을까?

평양을 끼고 발달한 평안도는 북한의 중심 지역이다. 평안도의 도시에 대해 알아보자.

혁명박물관 광장에서 평성 기차역으로 가는 거리. 평성은 '평양을 지키는 성새'라는 뜻이다.

신의주는 중국으로 가는 길목이다.
압록강 하류의 범람원에 세워진 도시로, 홍수 때마다 압록강이 범람해 농사조차 지을 수 없던 땅이었다. 이곳에 둑을 쌓고 만든 도시이다. 계획도시답게 바둑판식 도시 구조를 이루고 있다. 압록강 목재의 집산지이다.

구성에는 저수지가 많다.
높은 산지로 둘러싸인 분지이다. 산림이 면적의 62퍼센트를 차지하며, 풍산저수지를 포함해 저수지가 많은 것이 특징이다.

평성은 평안남도의 도청 소재지이다.
평양과 연결된 도시이자 평안남도의 도청 소재지이다. 1960년대에 만들어진 신도시로, 과학자 양성 기관이 밀집해 있다. 경공업이 발달했으며, 평안남도의 문화, 산업, 교육의 중심지이다. 안국사와 자모산성 등이 있다.

대관에는 900살 넘은 나무가 있다.
대관군 요하리에는 900살이 넘은 요하나도박달나무가 있다. 북한에 있는 박달나무 중 가장 오래된 나무로, 천연기념물 제98호로 지정되어 있다.

덕천은 최고의 견직물 도시이다.
대동강 상류에 위치한 도시로, 대동강이 시내를 지난다. 대동강을 막아 만든 금성호는 전력 생산 및 홍수 조절, 담수 양식 등에 쓰인다. 탄광이 많고, 덕천 견직 공장에서 생산되는 견직물이 유명하다.

개천은 담배로 유명하다.
분지에 있으며, 노다골저수지와 회골저수지 등 저수지가 많다. 석회 동굴이 발달해 관광 자원이 풍부하다. 시에서 생산되는 담배 중 50퍼센트가 해외로 수출된다.

평안도의 특산물 녹두

- **평안북도** 면적: 12,680.3㎢
  소재지: 신의주시
  인구: 2,728,622명(2008년)

- **평안남도** 면적: 11,890.6㎢
  소재지: 평성시
  인구: 4,051,696명(2008년)

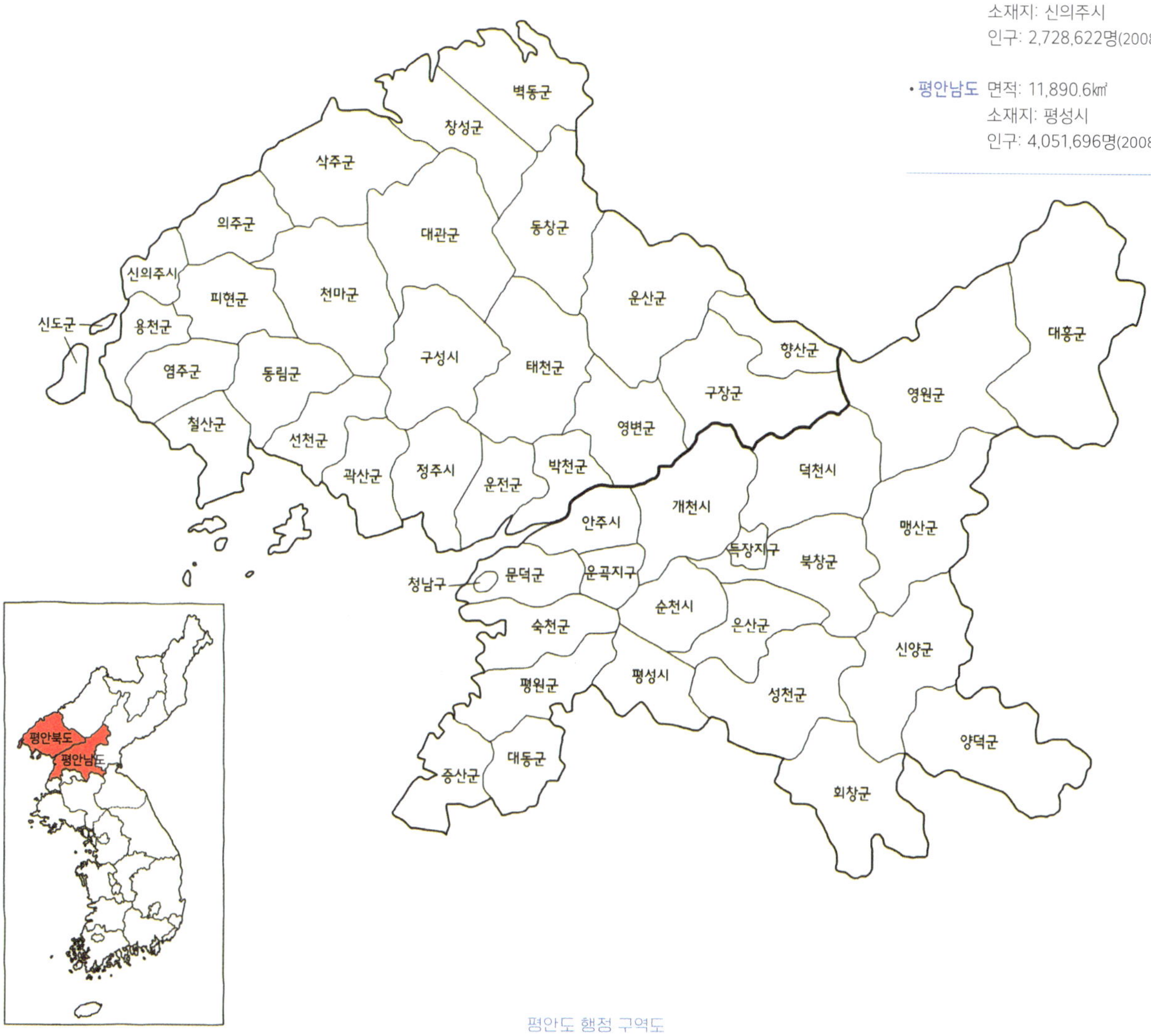

평안도 행정 구역도

정주시는 교통의 요지에 위치한다.
평의선(평양~신의주)과 평북선(정주~청수) 철도가 지나는 등 교통이 편리하게 발달했다. 특히 정주시는 한 알의 무게가 20그램 정도 되는 큰 밤으로 유명하며, 이 대율은 영양가와 녹말 성분이 풍부하다. 또한 바다와 접하고 있어 천해 양식도 발달했다.

평원군은 들이 펼쳐진 땅이다.
지명처럼 넓고 기름진 평야가 펼쳐진 곳으로, 논 면적은 도내에서 가장 넓다. 대동강의 지류인 보통강이 군내를 흐르고, 바닷가에는 갯벌이 넓게 발달해 있다. 연안에서는 조기·갈치 수확량이 많고, 소금이 산출되고 있다.

북창군에는 북한을 대표하는 화력 발전소가 있다.
주요 산업은 전력 생산 및 광업이다. 북한 최대의 북창 화력 발전소에서 생산되는 전기는 북한 주요 공업 지구에 공급된다. 이곳에는 질 좋은 석탄이 생산되고 있어서 화력 발전의 에너지원으로 이용된다. 또한 평안남도에서 중요한 식료품 생산 기지인 북창곡산공장이 있다. 한편 북창군에는 가창양어장과 풍곡양어장이 있어 송어 등 수십 종의 물고기를 기른다.

압록강 철교는 평안북도 신의주와 중국 단동을 잇는 다리이다. 앞쪽으로 먼저 세워진 다리는 6·25 전쟁 때 부서져 절반만 남아 있고, 조금 더 뒤쪽에 세워진 다리는 1990년 조중우의교(朝中友誼橋)로 이름이 바뀌었다.

영변에는 6가지 아름다움을 감상할 수 있는 육승정이 있다.

영변군 영변읍에 있는 육승정은 1728년(영조 4년) 인공 연못 가운데에 세운 누정이다. 본래 항미정(杭眉亭)이라고 했는데, 이 정자에서는 천주사(天住寺)의 종소리, 향교에서 글 읽는 소리, 동대(東臺)에서 피리 부는 소리 등 영변의 6가지 운치를 다 감상할 수 있다고 하여 '육승정'이라고 고쳐 부르게 되었다. 국가 지정 문화재 국보급 제47호이다.

대동군은 벽돌과 도자기 공업이 발달했다.

대동강 주변으로 충적 평야가 넓게 펼쳐져 있으며, 원예 농업이 발달했다. 석탄, 흑연, 고령토 등이 풍부해 벽돌·도자기 공업이 발달했다. 육상 및 수상 교통이 편리하며 평양·강선·평원 등과 연결되어 있다.

성천군의 담배는 최고이다.

담배인 성천초(成川草), 성천 밤, 명주인 성천주(옷감)가 유명하다. 특히 신장초·목기초·수안초 등의 잎담배를 모두 합쳐 성천초라고 한다. 개량종보다 잎이 작고 좁기 때문에 담배 수확량은 적은 편이지만 품질은 전국 최고로 알려져 있다. 예부터 임금에게 진상한 상품이기도 하다. 그 밖에 성천주 생산량이 많으며, 품질 또한 전국 최고이다.

회창군에는 금이 많다.

금·은·구리가 많이 매장되어 있으며, 특히 금 생산량이 많기로 유명하다. 그중 성흥광산은 최신 기술 장비를 갖춘 현대식 광산으로, 금, 아연 등 비철 금속 자원이 풍부하다. 공업 시설로는 섬유 공업과 식품 공업이 발달했다.

의주군에도 금강산이 있다.

고려의 천리장성, 강감찬 장군과 관련 있는 거란성과 백마산성 등 많은 산성이 있다. 군내에 있는 금강산은 산세가 빼어나 금강산이라 불리며, 의주에 있다고 해서 '의주 금강'이라고 한다. 한편 신의주시와 가깝다는 이점이 있고, 의주댐이나 수풍댐의 전기를 이용한 공장이 많다.

안주는 화학 공업이 발달했다.

낮은 산지와 평야 지대에 있다. 석탄과 흑연, 철 등이 풍부하고, 화학 공업과 전력 공업 위주의 산업이 발달했다. 연풍 수력 발전소, 청천강 화력 발전소, 안주 화력 발전소 등이 있다.

선천에서는 수많은 새들을 만날 수 있다.

선천군 운종리에는 납도바닷새 번식지가 있다. 수만 마리의 갈매기와 노랑부리백로, 뿔주둥이, 습새, 바다가마우지, 쇠가마우지, 바다오리를 비롯해 다양한 종의 바닷새들이 번식을 한다. 천연기념물 제71호로 지정되어 있다.

박천군 단산리 유적은 고조선 문화 연구에 중요한 자료를 제공한다.

단산리 유적은 뗀석기, 기와, 철기 등 구석기 시대에서부터 철기 시대에 이르기까지 여러 시대의 문화를 살펴볼 수 있는 유적지이다. 고조선의 문화 연구와 서해안 일대의 구석기 후기 문화를 연구하는 데 큰 도움이 되었다.

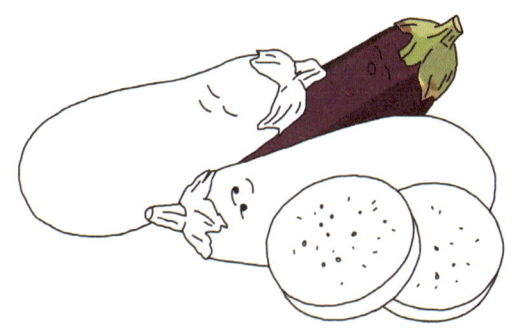

평안도의 특산물 가지

평양직할시의 행정 구역도 색칠하기
평양직할시의 행정 구역도를 색칠하며 평양직할시의 특징을 살펴보자.

평양직할시의 전경. 다양한 모양의 고층 빌딩과 화려한 색의 건물들이 조화롭다.

평양은 고려 시대에는 '서경'이라 불렸다. 평양의 면적은 약 1747제곱킬로미터로, 북한 전체 면적의 1.42퍼센트를 차지하며, 서울의 약 3배에 해당한다. 하지만 인구는 약 3000만 명으로 서울의 4분의 1 수준이다. 평양의 면적은 여러 번 바뀌었는데 2010년에는 승호 구역, 중화군, 상원군을 제외해 황해북도로 편입시켰다.

평양은 고구려의 수도였고, 고려 시대에는 서경(西京)이었으며, 조선 시대에는 평안도 감영 소재지로 한반도의 역사에서 늘 중심지였다. 오늘날 평양은 북한의 수도이자 최대 도시로서 정치·경제·문화의 중심지이다. 1946년, 평남에서 분리되어 특별시로 승격되었고, 지금은 직할시로 불린다. 도시의 한복판에 대동강이 흐르며, 그 주변으로는 넓은 평야가 발달했다. 대동강이 범람해 이루어진 평야는 곡창 지대이기도 했다. 북한에서는 별칭으로 '혁명의 수도'라고 부르며, 구소련에서 볼 수 있던 사회주의식 건물을 많이 지었다. 산지가 많은 북한에서 평양은 비교적 낮은 구릉과 산으로 둘러싸여 있다. 평양의 주요 산은 중심에 있는 모란봉과 룡악산, 창광산, 문수봉 등이며, 이들은 대부분 휴양지나 유원지로 이용되고 있다. 평양은 도농 통합형 도시를 추구한다. 따라서 시가지 면적은 20퍼센트 이하이고, 농지 면적이 과반을 차지하고 있다.

• **평양직할시** 면적: 1,747.7㎢
　　　　　　　인구: 2,999,466명(2008년)

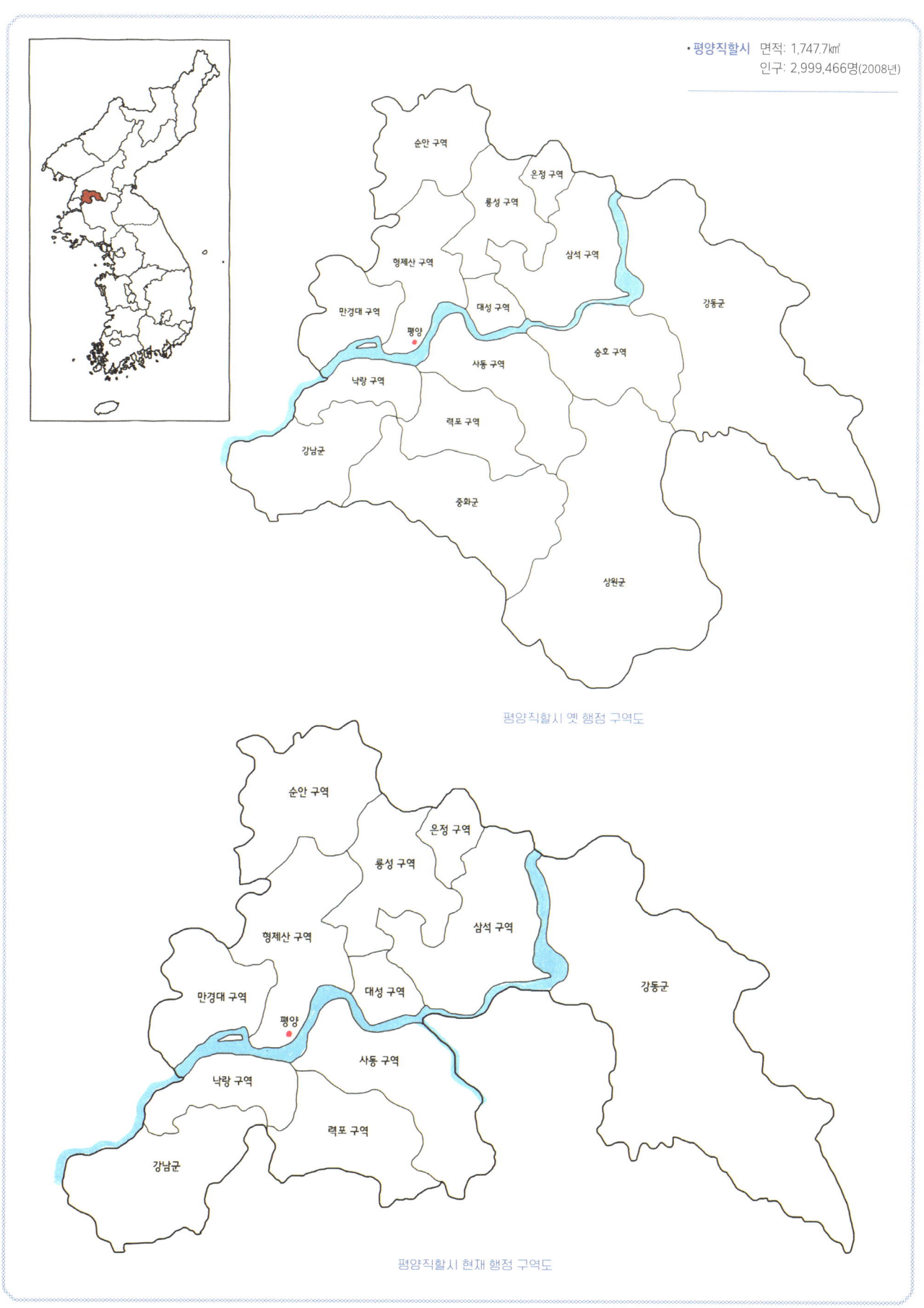

평양직할시 옛 행정 구역도

평양직할시 현재 행정 구역도

평양 지하철

무궤도 전차(트롤리버스) 다음으로 평양 시민들이 자주 이용하는 운송 수단이다. 2개 노선으로 되어 있다. 평양 지하철은 1973년에 첫 노선이 개통되었고, 그 뒤 연장 개통되었다. 평양 지하철은 지하 100~150미터 깊은 곳에 건설되어, 비상시 주민 소개 및 대피소로도 이용된다. 그러나 전력 부족으로 조명이 어둡고 환기가 잘 되지 않는다고 한다. 하루 평균 이용객 수는 30만~40만 명 정도이며, 운행 속도는 평균 시속 40~50킬로미터이다.

평양산원

1980년에 건설된 여성 종합 병원이다. 산부인과·치과·이비인후과 등이 있는데, 특히 산부인과와 관련된 임상 의학 및 과학 연구를 전담하는 교육 기관이 있다. 여성 전용이라는 점을 감안해 병원 건물 외형은 곡선, 내부는 꽃으로 장식되어 있다.

류경호텔

3000개의 객실과 7개의 회전 레스토랑이 있다. 세계에서 가장 큰 호텔로 알려져 있는데, 아직 미완성인 채로 남아 있다. 북한의 권력과 위풍을 보여 주기 위한 미완성 진열품이 되었다.

5·1경기장

1989년 5월 1일 평양에 만들어진 북한 최대의 종합 체육 경기장이다. 처음에 능라도에 지었기 때문에 '능라도경기장'이라고 불렸으나 준공식이 국제 노동절(5월 1일)이어서 '5·1경기장'이 되었다. 15만 명이 들어가는 주 경기장과 3개의 축구 훈련장, 각종 실내 연습장이 있다. 꽃송이 모양의 지붕이 매력적이며, 남북통일축구대회, 아리랑축전 등이 개최되었다.

미래과학자거리

김책공업종합대학과 연계해 개발된 지역이다. 평양역과 대동강 사이에 있는 6차선 거리로, 여기에는 김책공업종합대학 교육자 아파트, 미래과학자거리 레지던스 은하타워, 미래과학자거리 트윈타워, 미래과학자거리 초록타워, 미래과학자거리 파랑타워 등이 있다.

여명거리

2017년 김일성 생일 105주년을 맞아 조성한 거리이다. 평양에 세운 일종의 신도시로, 북한은 "여명거리 건설은 미제와 그 추종 세력들과의 치열한 대결전"이라고 선전한 바 있다. 여명거리는 모란봉 구역 룡흥 네거리에서 대성 구역 금수산태양궁전에 이르는 구간에 건설되었으며, 70층짜리를 비롯해 초고층 아파트들이 즐비하다.

평양냉면

메밀가루를 재료로 해서 만드는데, 압출면(압착면)의 대표적인 음식이다. 즉, 반죽하여 냉면 틀에 눌러서 국수를 빼내어 바로 삶아 먹는다. 냉면은 시원하기 때문에 보통 여름에 즐겨 먹는 음식이지만 평양냉면은 겨울에 먹으면 더 맛있다고 한다.

양각도국제호텔

류경호텔과 더불어 최신식 호텔이며, 프랑스 기술진과 합작으로 건설했다. 건물 전체가 유리로 되어 있어 세련되고 고풍스러운 분위기이다. 총 48층이며, 지상 47층, 지하 1층으로 이루어져 있다. 1001개의 객실이 있으며, 실내 수영장과 사우나 시설 등이 있다. 47층에는 회전식 전망 레스토랑이 있어 평양시를 한눈에 볼 수 있다. 이 호텔은 마치 여의도와 같이 대동강에 있는 섬 위에 세워졌다.

인민대학습당

인민대학습당은 북한 최대의 중앙 도서관이다. 1982년에 만들어졌으며, 10층짜리 건물로 3000만 권의 장서를 보관할 수 있다. 1만 2000명이 동시에 이용이 가능한 도서관이다. 전국의 100여 개 대학 및 과학 연구 기관, 기업과 연결되어 주요 정보를 제공하고 있다.

평양제1백화점

북한 최대의 국영 백화점으로, 일제 강점기 때 화신백화점이 있던 자리에 세운 백화점이다. 3층짜리 본관과 9층짜리 별관으로 구성되어 있으며, 수유실까지 완비되어 있다. 다른 상점에 비해 가격이 저렴한 편이라 사람들이 가장 많이 찾는 백화점이기도 하다. 지하층은 상품 창고이고, 1층부터 5층까지가 매장이며, 6층에는 사무실 등이 있고, 7층에는 회의실, 영사실 등이 있다. 8층과 9층에는 식당과 청량음료점이 있다.

김일성종합대학

유능한 재원을 기르는 북한 최고의 종합 대학교이다. 1948년에 일부 학부들을 분리하여 김책공업종합대학, 평양의학대학, 원산농업대학을 비롯한 여러 전문대학들을 신설했다. 2011년 기준으로 15개 학부 60여 개 학과가 개설되어 있으며, 인문 사회 계열은 4년, 자연 계열은 5년의 학제로 운영된다.

모란봉청년공원

평양시 중구역 모란봉 기슭에 위치한 공원이다. 중심 지역, 어린이 공원 지역, 물풍치 지역 등으로 구성된다. 중심 지역에는 야외극장이 있고, 그 밖에 분수, 사진관, 식물원 등이 있다. 어린이 공원 지역에는 곰 모양 분수를 가운데 두고 코끼리낙하산탑, 우주 비행선 등을 비롯한 놀이 시설과 체육 시설 등이 있다. 물풍치 지역에는 폭포와 더불어 모란봉의 풍경과 잘 어우러지는 '평화정'이라는 정자가 설치되어 있다.

양각도국제호텔은 1985년 3월 23일에 공사를 시작해 1995년에 문을 열었다. 주변에는 양각도경기장과 평양국제영화회관이 있다.

남포특별시의 행정 구역도 색칠하기

남포특별시의 행정 구역도를 색칠하며 남포특별시의 특징을 살펴보자.

2016년 남포특별시에 육아원이 새롭게 문을 열었다.

남포는 '남쪽 마을'이란 뜻이다. 삼화현의 남쪽 포구라는 뜻으로, 조선 시대에는 이곳이 삼화현이었다. 과거 일제 강점기 때 일본군이 청나라 군대를 진압하고 남포에 상륙했다고 해서 '진(鎭)' 자를 붙여 '진남포'라고 부르다가 해방 이후 다시 남포시가 되었다. 남포는 대동강 하구의 북쪽에 있다. 이곳은 주로 평야 지대로 구릉지와 대동강 유역에는 평야가 발달했다. 평야가 넓지만 1000밀리미터도 채 안 되는 강수량으로 벼농사는 불리하다. 남포는 교통이 편리하다. 남포와 평양 사이에는 고속도로가 놓여 있고, 남포항과 대동강을 이용하는 수운이 발달해 있다.

남포는 북한에서 서해안 최대의 국제 항구 도시이다. 1970년대 이후, 기중기·컨베이어 같은 대규모 하역 시설을 마련하고 석탄이나 시멘트 같은 전문 부두를 건설했다. 남포는 북한의 공업 중심지 중 하나이다. 북한을 대표하는 제철 공장인 천리마제강소와 4·13 제철소, 그 밖에 남포제련소, 대안중기계연합기업소, 북한 최대의 남포유리공장 등이 있다.

남포는 관광지로도 개발 중이다. 와우도 구역은 해안 가로 경관이 아름답다. 이에 따라 서해안에서 유일하게 국제적인 관광지로 개발하기 위해 와우도에 신시가지를 건설했다. 와우도해수욕장은 원산의 송도원 해수욕장과 함께 북한이 개방하고 있는 대표적인 해수욕장이다.

한편 남포에는 고구려 때의 고분과 성터가 남아 있다. 용강군에는 고구려 벽화 무덤(5세기), 쌍기둥 무덤(쌍영총)이 있고, 강서 구역에는 강서 삼묘와 덕흥리 벽화 무덤 등 유적지가 다수 있다. 또한 강서 구역의 강서약수터는 유명한 관광지이며, 용강군에는 온천이 많다.

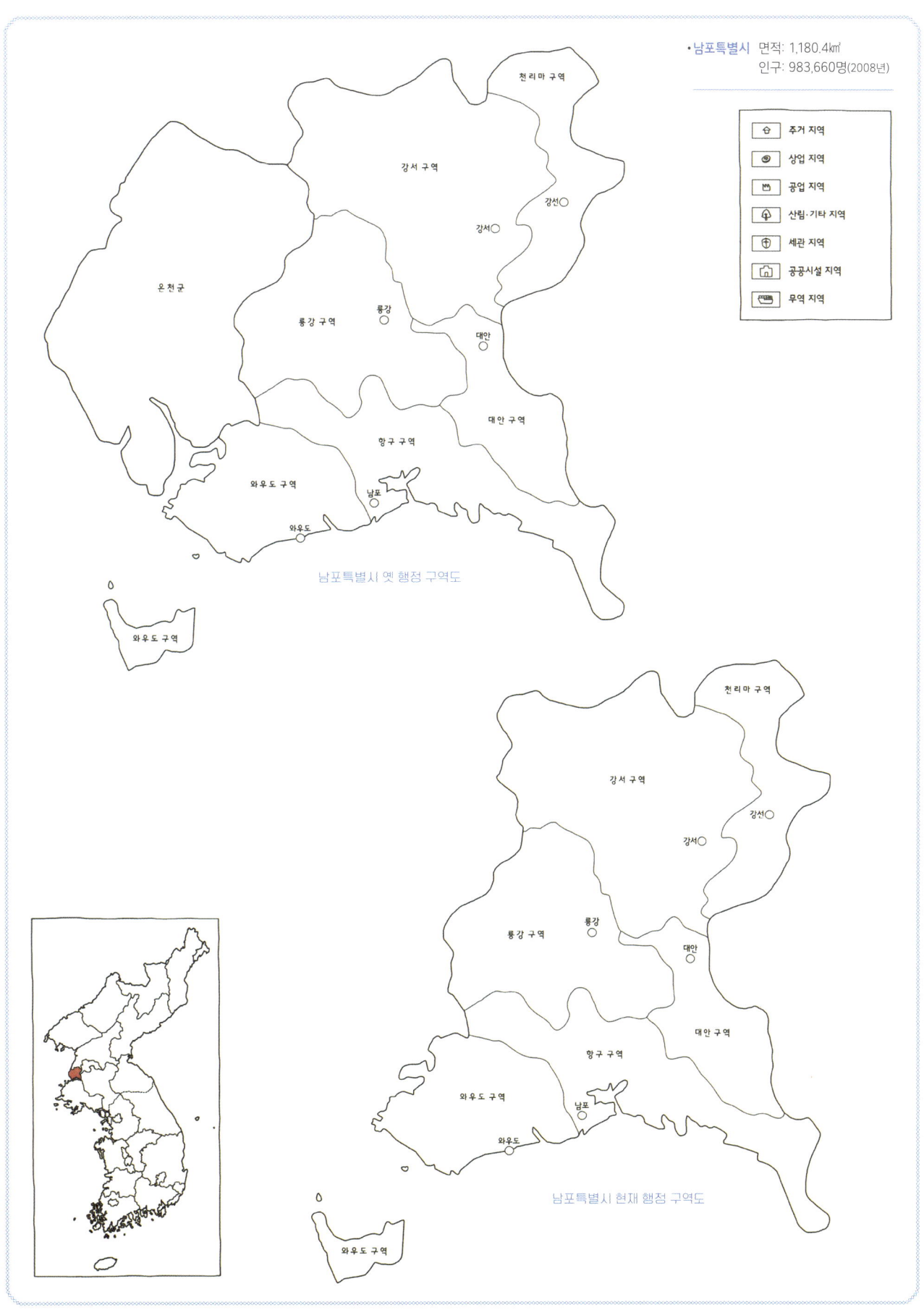

황해도와 북한 강원도의 특징적인 지형을 살펴보자

황해도는 동북부가 높고 중북부의 재령강 유역과 남서부가 낮다. 북한 강원도의 동쪽으로는 태백산맥이 위치하며, 북동 및 남서 방향으로 산맥들이 뻗어 나간다.

예성강 어귀에는 고려 시대의 대표적인 무역항 벽란도가 있다. 강수량이 풍부한 지역이다.

황해도

언진산맥에는 고개가 많다.
평양직할시와 황해도를 가로지른다. 산맥의 낮은 고개들은 옛날부터 교통로로 이용되어 왔으며, 신계, 평양, 수안을 잇는 도로 역시 언진 산맥의 낮은 고개에 만들어져 있다.

해주만은 조기잡이로 유명하다.
연평도의 북쪽이자 옹진군과 벽성군 사이에 있다. 1940년에 개항한 해주항이 있으며, 우리나라 3대 어장 중 하나인 연평도와 가까워 조기잡이 때가 되면 어선이 넘쳐 난다. 이곳에서 잡힌 고기들은 해주항에 모인다.

멸악산맥은 식생이 다양하다.
평균 고도가 340미터로 낮은 산맥이며, 최고봉은 멸악산(818미터)이다. 지하자원이 풍부하고, 멸악산 식물 보호구가 있을 만큼 식생이 다양하다. 예성강과 재령강의 분수령이다.

예성강은 개성의 젖줄이다.
언진산에서 발원해 개성시를 지나 강화만으로 나간다. 길이는 약 187킬로미터이고, 신계곡산평야, 누천평야 등에 물을 공급한다.

옹진반도에는 명승지가 많다.
백령도와 비슷한 위도에 있다. 해안선이 들쑥날쑥 굴곡이 심한 리아스식 해안을 이루고 있으며, 농업과 어업이 활발하다. 옹진온천을 비롯한 명승지가 많은 휴양·관광지이다.

재령평야의 쌀은 임금에게 보내졌다.
재령강을 끼고 발달해 있으며, 강의 범람으로 흙과 모래가 쌓여 만들어진 충적 평야이다. 조선 인조 때 이곳에서 난 쌀을 임금에게 진상했을 정도로 맛 좋은 쌀이 난다.

구월산은 4대 명산 중 하나이다.
금강산, 지리산, 묘향산과 함께 4대 명산으로 불린다. 정상에 서면 남포까지 한눈에 들어온다. 단군이 수도를 평양에서 구월산 지역으로 옮겼다는 설대로 단군 유적이 많다.

재령강은 유량이 풍부하다.
길이는 약 129킬로미터이며, 수양산에서 발원해 대동강 하구로 흐른다. 강 주변의 평야에서는 양질의 쌀이 생산된다. 유량이 풍부해 물자 수송과 관개용수 등에 쓰인다.

박연폭포는 우리 땅의 '국가 대표 폭포'이다.
북한의 개성 북부 박연리에 있는 폭포이다. 금강산의 구룡폭포, 설악산의 대승폭포와 더불어 3대 유명 폭포 중 하나이다.

북한 강원도

영흥만은 원산을 항구 도시로 키웠다.
'원산만'이라고도 하며, 북쪽의 호도반도와 남쪽의 갈마반도로 둘러싸여 있다. 여도를 비롯한 여러 섬들이 만을 채우고 있다. 갈마반도 서쪽에는 대표적인 항구 도시인 원산이 있다.

호도반도는 육계도로 인해 생겼다.
과거에는 '호도'라는 섬이었으나, 북한 해류가 돌출되어 있던 삼봉산의 해안 언덕을 깎아 호도 북쪽에 사주를 이룸으로써 육지와 연결되면서 반도가 되었다.

마식령산맥은 남한과 북한에 걸쳐 있다.
두류산에서 시작해 강원도 세포군으로 북북서에서 남동 방향으로 뻗어 있다. 서쪽으로 갈수록 서서히 낮아지고 말단부는 한강의 하류에 의해 끊긴다. 중생대 조산 운동으로 생긴 습곡이 발달했다.

수양산은 가장 먼저 햇빛을 받는다는 뜻이다. 황해도 3대 산성의 하나인 고구려 수양산성이 있어 자연과 문화 경관이 조화롭다.

황해도와 북한 강원도의 지형 색칠하기

황해도와 북한 강원도의 지형을 색칠하며 황해도와 북한 강원도 지형의 높낮이와 형태를 알아보자.

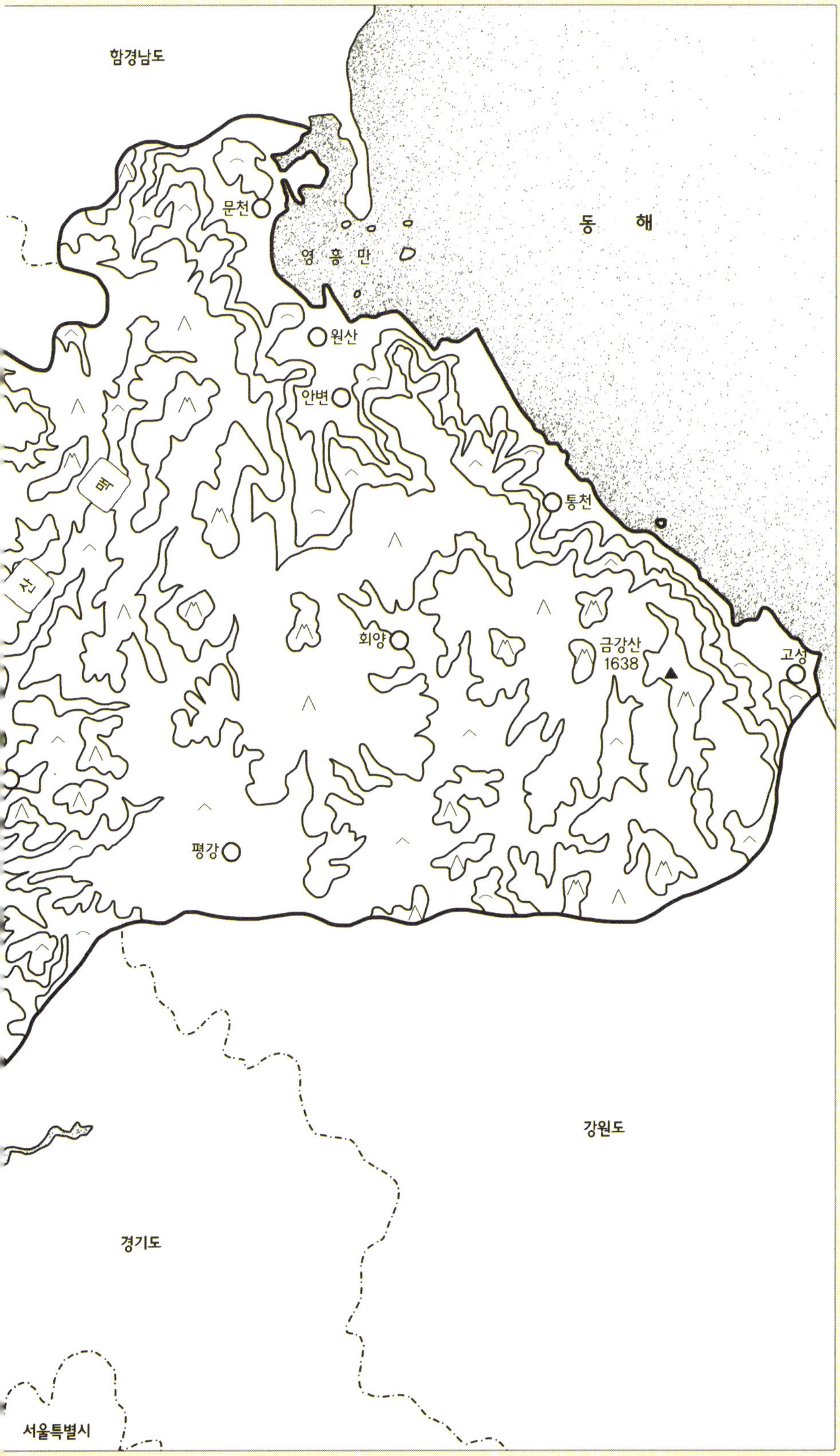

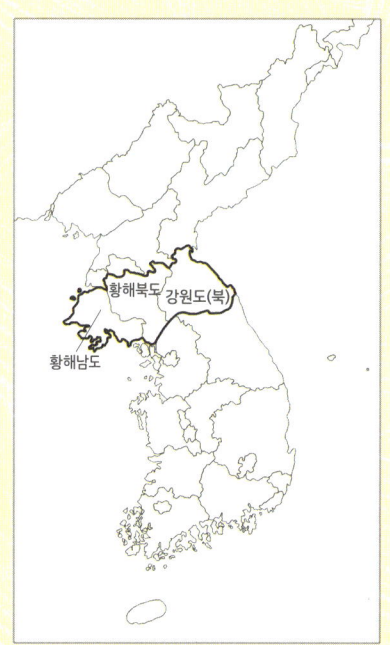

함경남도
문천
영흥만
동 해
원산
안변
통천
회양
금강산
1638
고성
평강
강원도
경기도
서울특별시

황해북도
강원도(북)
황해남도

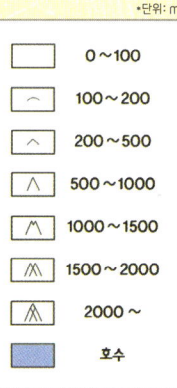

•단위: m
0～100
100～200
200～500
500～1000
1000～1500
1500～2000
2000～
호수

황해도와 북한 강원도에는 어떤 도시가 있을까?

황해도와 북한 강원도는 남한과 경계 지역에 있어서 빠르게 발전할 것으로 기대되는 지역이다. 황해도와 북한 강원도의 도시에 대해 알아보자.

개성 공단은 남북의 합의 아래 황해북도 개성특급시 봉동리에 개발한 공업 지구이다. 2013년 환하게 불을 밝히던 개성 공단의 모습.

황해도

개성은 역사의 도시이다.
개성은 500년 동안 고려의 수도였으며, 고려 시대 궁궐터인 만월대를 비롯, 선죽교, 개성남대문, 개성첨성대 등 문화 사적지가 많다. 현재 개성은 인삼 가공업을 포함한 식품 가공업과 의류 가공업이 발달해 있다. 남북한 협력 경제 개발 지역인 개성 공단으로도 유명하다.

사리원은 교통이 편리하다.
재령평야의 중심지로, 경의선이 지나 교통이 편리한 편이다. 주변에서 나는 농산물의 집산지이며, 제분, 양조, 견직 등의 공업이 발달했다. 사리원탄전에서는 갈탄이 난다.

송림에는 한반도 최초의 제철소가 있다.
대동강 하류의 충적 평야에 있으며, 시내는 송림산 등 구릉지가 대부분이다. 일제 강점기에 제철소가 들어서면서 도시가 되었다. 광복 전에는 '겸이포'라고 불렸으며, 신석기 유적과 고구려 고분 등이 있다.

평산은 삼국 시대에 군사적 요충지였다.
해상리 동굴에서 구석기 유물이 출토되었다. 삼국 시대부터 군사적 요충지로 태백산성, 자모산성, 철봉산성 등이 있고, 성내에는 군사 관련 유적이 있다. 조선 시대 교육 기관인 평산향교도 있다.

황해도의 '황'은 '황주'에서 왔다.
황주 사과로 알려진 국광과 홍옥은 해외로 수출할 정도이다. 송림 철산에서는 적철석과 갈철석의 혼합 철광석이 난다.

연탄은 슬레이트 공업이 발달했다.
분지에 있으며, 서쪽으로 갈수록 평야가 펼쳐진다. 구

릉지에는 과수원이 발달해 있고, 슬레이트 공업도 발달했다. 문화재로는 심원사와 고인돌군이 있다.

곡산에는 이성계의 사랑이 담겨 있다.
황해도와 강원도의 경계에 있다. 곡산천 중류에는 분지가, 하류에는 작은 평야가 발달했다. 조선 태조 이성계의 부인인 신덕 왕후의 옛집이 있다.

황해도의 '해'는 '해주'에서 왔다.
광석천이 시내를 가로지른다. 해주항은 겨울에도 이용이 가능하며, 동쪽의 정도를 육계도로 만들어 방파제로 이용한다. 해서 팔경 중 하나인 부용당을 비롯한 여러 명승지가 있다.

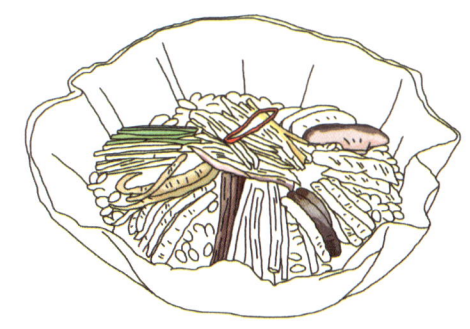

해주의 대표 음식 해주비빔밥

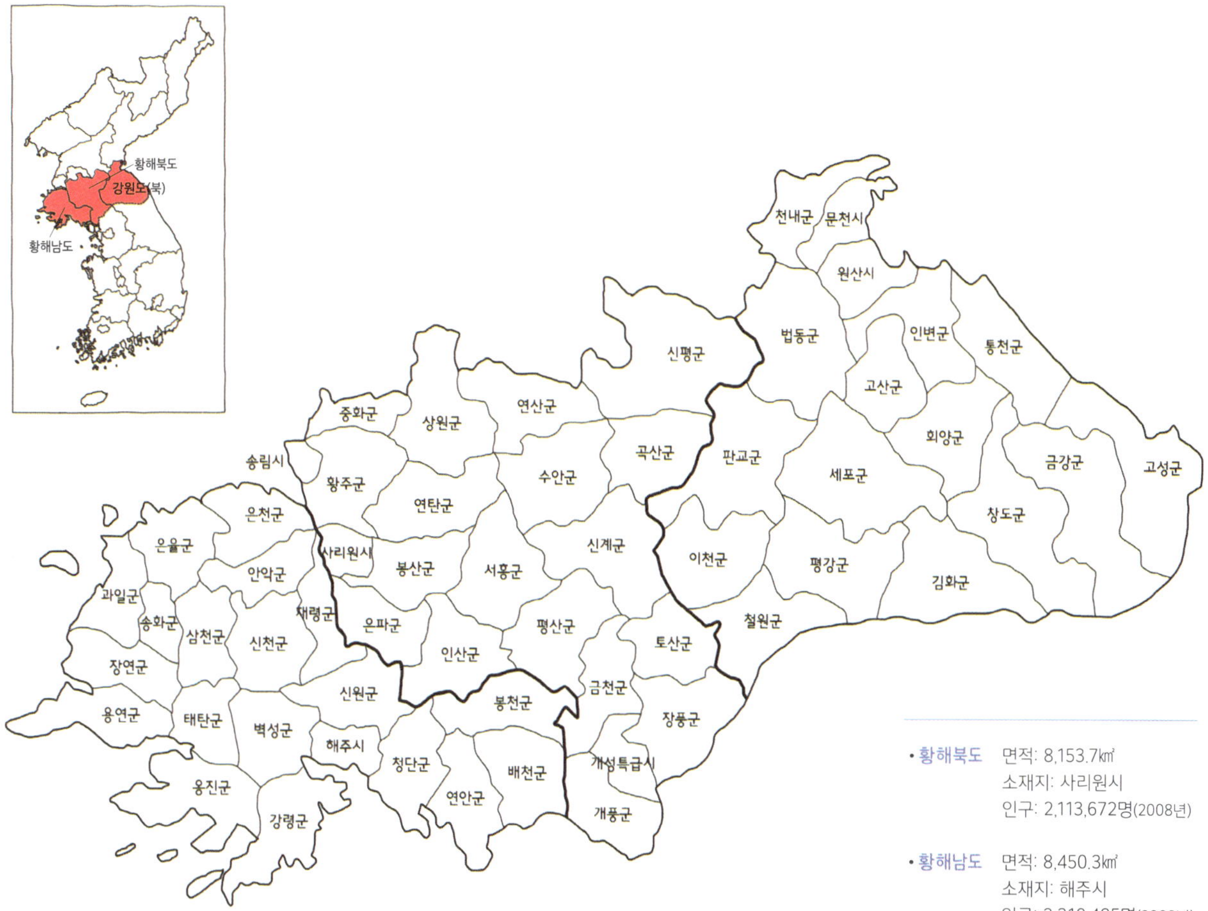

황해도와 북한 강원도 행정 구역도

- **황해북도** 면적: 8,153.7㎢
  소재지: 사리원시
  인구: 2,113,672명(2008년)

- **황해남도** 면적: 8,450.3㎢
  소재지: 해주시
  인구: 2,310,485명(2008년)

- **북한 강원도** 면적: 11,091㎢
  소재지: 원산시
  인구: 1,477,582명(2008년)

강령군에는 저수지가 많다.

리아스식 해안으로 해안선의 굴곡이 심하고 연안에는 90여 개의 섬이 분포한다. 강령저수지·송학저수지 등 50개 가까운 저수지가 있어서 농업용수로 쓰인다. 바닷가에 큰 천해 양식업이 활발해 미역·다시마·김 등을 생산한다.

옹진군은 해안 단구가 아름답다.

해안에 위치하고 있다. 조석 간만의 차가 7미터에 달하고, 해안 단구가 발달한 것이 특징이다. 조선 시대 교육 기관이었던 옹진향교가 있다. 옹진군은 과일 농사를 많이 짓는데, 특히 감은 수확량이 매우 많다. 한편 용천약수와 교정이라는 우물이 유명하다.

개풍군은 고려인삼으로 유명하다.

군의 남부와 서부에는 하천을 따라 기름진 평야가 넓게 펼쳐져 있고, 따라서 벼농사가 발달했다. 개풍군은 고려인삼 재배로 유명하며, 대나무를 이용한 돗자리 생산지로도 유명하다.

과일군은 과일 농사를 많이 짓는다.

송화군으로 있을 때 매우 큰 과수 종합 농장이 있던 곳이라고 해서 '과일군'이라고 불렀다. 연안에는 평야가, 내륙에는 구릉지가 발달했다. 하천에서는 사금(砂金)을 채취하는 곳이 많고, 오봉광산은 금 생산지로 유명하다.

사리원시 길성포 지구에 건설된 야외 수영장에서 많은 어린이들이 물놀이를 하고 있다.

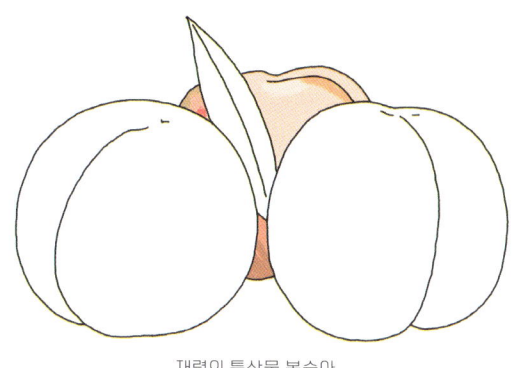
재령의 특산물 복숭아

재령은 복숭아로 유명하다.
재령의 특산물로 재령 사람들은 재령 복숭아를 '제2의 쌀'이라고 부를 정도로 자부심이 대단하다. 결이 보드랍고 즙이 많으며 당도가 높으면서도 새콤한 신맛이 살짝 돌아 복숭아의 향을 더해 준다. 복숭아나무가 펼쳐진 재령의 풍경은 향기롭고 아름답다.

신원군에는 천연기념물 학과 황새가 산다.
해발 고도 500미터 미만의 구릉성 산지가 많은 편이다. 황해북도에서 해주 다음가는 기계 공업의 중심지로, 농기계·방직 공업 등이 발달했다. 황남 학(북한 천연기념물 제15호)과 황남 황새(북한 천연기념물 제16호)의 서식지로 유명하다.

신계는 경치가 아름답다.
수안군, 곡산군과 함께 '황해도의 삼산읍'으로 알려졌을 만큼 산이 많은 지역이다. 동쪽의 동대정은 물이 맑고 경치가 좋아서 낚시보다 경치를 즐기는 곳으로 유명하다.

수안은 서울과 평양 사이에 있다.
중앙에 있는 이현은 서울과 평양을 잇는 최단 거리 교통로이며, 이에 따라 북방 방위의 요지로 여겨졌다. 불각사, 세동사, 언진사 등의 사찰과 함굴암이 유명하다.

은율은 아사달로 알려져 있다.
구월산을 품은 은율군은 단군이 도읍한 아사달이라 하여 성스럽게 여겨졌다. 은국사지, 장대지, 용연폭포 등이 있으며, 고분군도 많다. 과수 농업이 발달했고, 저수지를 이용해 벼농사를 한다.

북한 강원도

원산은 북한의 대표 관광지로 성장했다.
과거 서울이나 평양과 교통로로 연결되어 있어서 상업 도시로 성장했다. 일제 강점기에 인천, 부산과 함께 강제로 개항되었다. 원산 앞바다는 난류와 한류가 만나 황금 어장을 이루는 곳으로, 김정은 국방 위원장이 국제 관광지로 키우려고 하는 지역이다.

문천은 석회암과 석탄이 풍부하다.
석회암 지형인 카르스트가 발달했으며, 박쥐동굴 등 석회 동굴이 많다. 금속 공업의 비중이 높고, 금과 은을 비롯한 지하자원이 풍부하다. 무연탄이 많이 생산되고 있으며, 해안에는 수산물 냉동 공장을 비롯한 수산물 가공 기지가 있다.

금강군은 금강산을 품었다.
금강산을 품고 있어서 금강군이다. '금강(金剛)'은 금처럼 단단하고 빛나는 것으로 《화엄경》에 나오는 '금강산' 명칭을 빌렸다고 한다. 유적으로는 금강산 4대 사찰의 하나인 장안사(長安寺) 터와 삼불암이 있다.

판교는 왜가리들이 많이 찾는다.
판교군 용흥리 신평마을에는 용흥리 백로 왜가리 번식지가 있다. 500년 전부터 1000여 마리가 넘는 백로와 왜가리가 끊이지 않고 찾아와 유명하며, 북한에서 가장 큰 번식지이기도 하다. 천연기념물 제245호로 지정되었다.

평야와 산지가 조화로운 한국의 중부 지방

중부 지방은 한반도 역사에서 조선 시대부터 중심이 된 곳이다. 지형적으로는 동쪽이 높고 서쪽이 낮은 전형적인 경동 지형을 이룬다. 남한의 수도 서울을 포함해 인구 2500만 명이 사는 수도권이 있다. 따라서 오늘날 한반도에서 가장 중심이 되는 곳이라고 할 수 있으며, 남북 관계의 개선에 따라 경기도 북부와 강원도 북부 지역이 새로운 중심지로 더욱 발전할 것으로 기대된다.

서울특별시 강남 지역의 야경

경기도의 특징적인 지형을 살펴보자

경기도는 동쪽으로 갈수록 높아지고 서쪽으로 갈수록 낮아지는 동고서저의 지형이지만 전반적으로 고도가 낮다.

북한산은 서울 근교에 있는 산 중에서 가장 높고 산의 모양이 웅장해 서울의 진산으로 불렸다. 1983년에 국립공원으로 지정되었다.

임진강은 주변에 습지가 발달했다.

마식령산맥에서 발원해 경기도 파주 지역에서 한강으로 유입되어 서해로 흘러든다. 잦은 범람으로 강 주변에 평야와 습지가 발달했다. 한편 삼국 시대에는 한강 유역으로서 이곳을 차지하기 위해 격렬한 싸움을 벌이기도 했다.

한강은 서울의 젖줄이다.

강원도 태백의 검룡소에서 발원해 강원도, 충청북도, 경기도, 서울을 거쳐 서해로 흘러든다. 한강 하류 주변에서는 석기 시대 사람들의 거주지로 이용된 흔적이 발견되고 있다. 역사적으로 한반도에서 가장 중요한 강이라고 할 수 있다.

덕적 군도에는 아름다운 섬이 많다.

인천광역시에 속하는 섬 무리로, 덕적도, 소야도, 백아도, 굴업도 등의 섬으로 이루어져 있다. 인천에서 남서쪽으로 82킬로미터 떨어진 경기만 앞바다에 흩어져 있으며, 해안 지방이지만 겨울철에는 북서 계절풍이 강해 눈이 많이 내린다.

남양만에는 난류성 어족이 모여든다.

조수 간만의 차가 10.4미터에 달한다. 간석지가 발달해 염전 및 굴을 비롯한 수산 양식장이 많다. 연안 일대는 어류 산란장으로 적합해 주로 봄과 여름에 난류성 어족이 모여든다.

북한산은 본래 삼각산으로 불렸다.
서울 북부와 경기도에 걸쳐 있으며 국립공원이다. 세 봉우리인 백운대(836.5미터), 인수봉(810.5미터), 만경대(787.0미터)가 큰 삼각형으로 놓여 있어 '삼각산' 또는 '삼봉산'으로 불리기도 했다.

관악산은 한양을 방어했다.
서울 관악구와 경기도 안양 등지에 걸쳐 있는 산이다. 북한산, 남한산 등과 함께 서울을 분지처럼 둘러싼 산으로, 과거 한양을 방어하는 역할을 했다. 경관이 빼어난 데다가 서울 근교에 자리하고 있어 많은 등산객으로 붐빈다.

소요산은 경기도의 소금강이라 불린다.
경기도에 있으며, 규모가 크지는 않지만 산세가 수려해서 '경기의 소금강'으로 불린다.

용문산에는 고위 평탄면이 있다.
경기도에 있으며, 북쪽은 완경사, 남쪽은 급경사를 이룬다. 바윗덩어리들이 첩첩이 쌓여 있고, 깊은 계곡과 폭포도 있다. 용문산 북서 일대 고도 700~1100미터에는 경사가 완만한 고위 평탄면이 나타난다.

김포평야는 경기도를 대표한다.
경기도 김포시의 굴포천 유역과 한강 하류에 발달된 충적 평야이다. 범람으로 인해 자연 제방과 배후 습지가 넓게 발달했다. 습지 주변으로 인공 제방의 축조가 이루어져 많은 습지를 토지로 이용하게 되었고, 1990년대 중반부터는 아파트가 많이 건설되었다.

김포평야는 경기도 서쪽 한강 하류에 위치한 평야로, 고도가 낮아 침수의 위험이 있으나 토양이 매우 기름지다.

경기도의 지형 색칠하기

경기도의 지형을 색칠하며 경기도 지형의 높낮이와 형태를 알아보자.

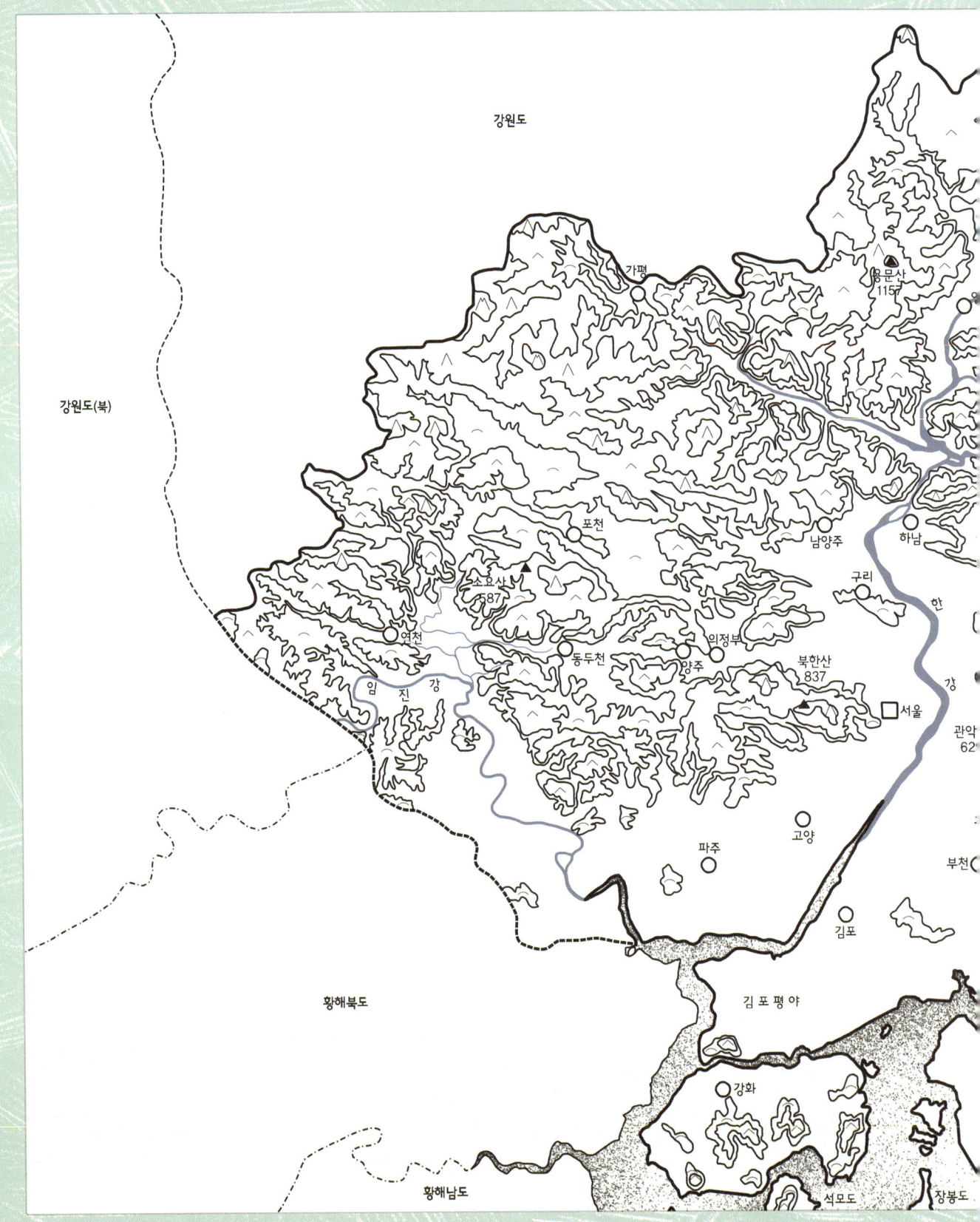

*지도의 방향은 인덱스 지도를 참조하세요.

충청북도

충청남도

여주
장호원
이천
안성
용인
오산
평택
수원
의왕
향남
안산
화성

남양만

교동도 석모도 장봉도 자월도
덕적도

황 해

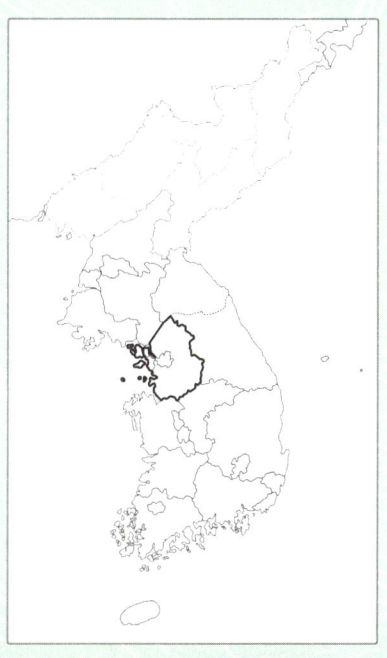

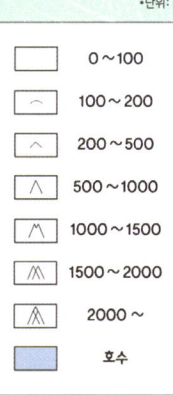

• 단위: m

	0~100
	100~200
	200~500
	500~1000
	1000~1500
	1500~2000
	2000~
	호수

경기도에는 어떤 도시가 있을까?

경기도는 서울을 중심으로 상호 긴밀하게 발달한 위성 도시가 많은 지역이다.
경기도의 도시에 대해 알아보자.

제부도는 하루에 두 번 썰물 때면 바닷길이 드러나 차로 통행을 할 수 있다. 제부도 남단의 매바위는 매들의 보금자리로 유명하다.

수원은 경기도의 도청 소재지이다.
조선 시대에 정조가 지은 수원 화성으로 잘 알려진 도시이다. 수원 화성을 포함한 조선 왕조의 문화 유적이 많다. 수원은 서울의 남쪽 관문 구실을 해 왔으며, 경기도 도청이 있어 경기도의 정치·행정·경제의 중심지 역할을 한다.

안성은 '안성맞춤'에서 나왔다.
'위태로움이 없고 편안하며 탈 없는 성곽'이라는 뜻이다. 예부터 교통의 요지이자 군사 요충지로 충청북도에서 서울에 이르는 길목에 죽주산성이 있다. 안성포도배축제, 백성문화제, 죽산국제예술제 등 다양한 대규모 시민 축제가 열린다.

파주는 출판의 도시이다.
우리나라 최대 규모의 출판 단지가 있다. 경의선 철도가 지나며 철도 종단점이 있고, 통일전망대, 통일공원이 위치해 안보 견학지로도 많이 선정된다.

평택은 경기 남부의 새로운 중심지이다.
아산만방조제 건설 이후 아산호의 관광 수입이 크게 증가했다. 음력 5월 5일에는 병남단오행사가, 9월에는 소사벌백중이라는 행사가 열린다. 중국과의 인접성과 미군 부대 이전 등으로 새로운 발전이 기대된다.

성남은 분당 신도시를 품고 있다.
경기도 중앙에 있다. 경부고속도로가 관통하고 있으

며, 남부 지방으로 이어지는 국도가 여러 갈래로 지나가는 교통 요지이다. 분당 신도시를 포함한 시내 곳곳에서 서울시로 출퇴근을 하는 침상 도시로 발달했다.

과천은 행정 도시이다.
광주산맥 말단부에 있으며, 정부종합청사가 있어 서울시와 소통이 활발하다. 전화번호 앞에 붙는 국번이 02인데, 이는 서울시와의 원활한 소통을 위해 정해졌다.

여주에는 세종 대왕이 잠들어 있다.
2013년에 여주군에서 여주시로 승격했다. 세종 대왕과 소헌 왕후가 묻힌 영릉이 있어 세종 대왕과 관련된 행사나 축제가 열린다.

안양은 유적과 공원의 도시이다.
산과 하천이 어우러진 아름다운 자연과 인문적 환경 조건으로 생기는 풍경·경관을 고루 갖추었다. 안양유원지가 유명하며, 염불암, 불성사 등 유적이 많고, 어린이교통공원, 중앙공원, 자유공원 등이 있다.

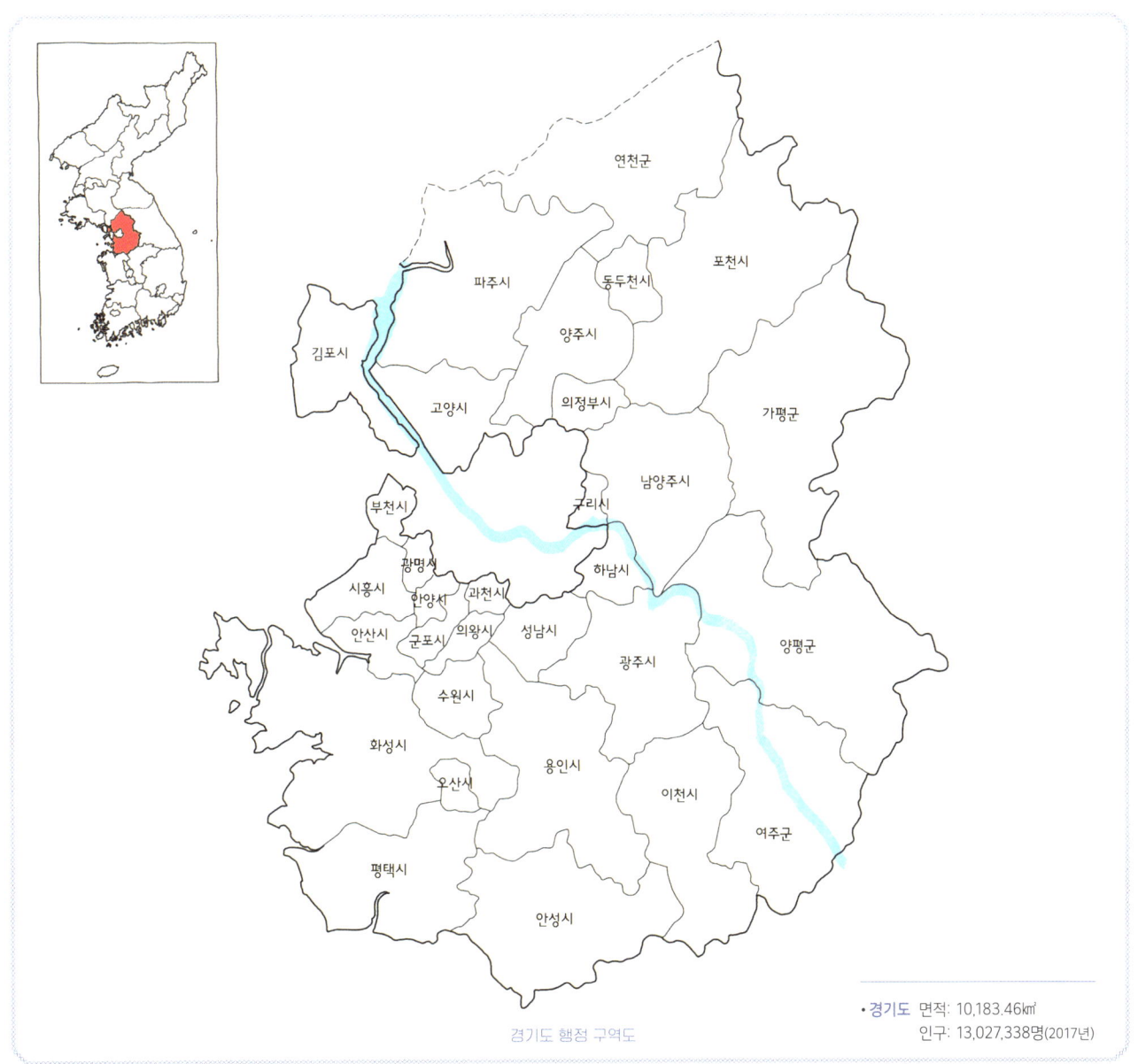

경기도 행정 구역도

- **경기도** 면적: 10,183.46㎢
  인구: 13,027,338명(2017년)

수원 화성은 아름다우면서도 기능적인 면을 훌륭히 갖춘 성곽으로 평가받는다. 그중 화서문은 화성의 사대문 중 서대문으로 본래의 모습을 그대로 간직하고 있어 보물 제403호로 지정되었다.

포천에는 우리나라 최대의 식물원이 있다.
포천막걸리, 포천이동갈비 등으로 유명하다. 크낙새 서식지인 광릉수목원은 국내 최대의 식물원이다. 광릉산림박물관과 광릉산림욕장이 있으며, 비무장 지대(DMZ)에 근접해 군부대가 많다.

양평군에는 전원주택이 많다.
양평은 중앙선이 동서로 횡단하고, 서울~강릉 간 국도가 연결되는 등 교통이 편리하다. 또한 북한강과 남한강이 지나고 있어서 자연 경관이 수려하고, 이를 토대로 관광 산업이 발달 중이다. 또한 서울과의 인접성을 토대로 전원주택이 많이 지어지고 있어 새로운 거주지로도 주목받고 있다.

이천은 쌀과 도자기로 유명하다.
남북으로 긴 형태를 띠며, 논의 비율이 시 경지 면적 중 60퍼센트가 넘을 만큼 쌀 생산이 많다. 온천과 백자 도요지가 많아 관광지로 유명하다.

이천의 특산물 쌀

시흥은 공업 도시로 발전하고 있다.
경기만에 접하며, 근교 농업이 성하고, 시화공업단지가 들어서면서 공업 도시로 발전하고 있다. 조립, 기계, 금속, 화학, 섬유 등 다양한 공업 직종이 발달하고 있다.

양주는 통일 이후 더 기대되는 지역이다.
경원선 철도가 지나가는 곳으로, 경원선이 복구될 경우 북한의 원산과 연결되어 발전이 기대된다. 도봉산과 만장대가 유명하다.

화성에는 정조의 한이 깃들어 있다.
정조와 그 아버지 사도 세자의 묘인 건릉과 융릉이 있으며, 하루에 두 번씩 바닷길이 열려 육지와 연결되는 제부도가 있다. '화산림'이라고 하는 국내 유일의 인공림(사람이 씨를 뿌리거나 나무를 심어 만든 숲)도 있다.

의정부는 경기 북부 중심지이다.
경기 북부의 중심지로, 경원선과 수도권 전철이 지나 교통이 매우 편리하다. 망월사와 회룡사 등 사찰이 많고 북한산 국립공원, 수락산 공원 등이 있어 등산객이 많다.

부천은 유네스코 창의도시로 선정되었다.
서울의 위성 도시이며, 서울과의 교통 연결이 잘되어 있어 접근성이 뛰어나다. 동아시아 최초로 유네스코 창의도시(문학)로 선정되었다. 42.195킬로미터에 걸쳐 부천둘레길이 조성되어 있다.

남양주는 한강을 끼고 발달했다.
한강과 북한강을 경계로 인접 시들과 접한다. 팔당유원지가 유명하며, 물놀이와 수상 스키를 위한 편의 시설이 많다. 밤섬, 축령산 자연휴양림, 모란미술관 등이 유명하다.

용인시에는 여러 개의 도심이 있다.
용인시는 여러 개의 좁은 분지들로 이루어진 지형이어서 산과 산 사이에 여러 개의 도심이 만들어진 구조이다. 그래서 기흥구는 영동고속도로를 기준으로 기흥과 구성으로, 수지구는 경부고속도로를 기준으로 수지와 죽전으로 생활권이 나뉜다. 관광 명소로는 에버랜드와 한국민속촌 등이 있다.

오산시에는 공군 기지가 없다.
오산읍이 시로 승격하면서 화성군에서 분리되었다. 따라서 지리적으로는 화성시에 둘러싸여 있다. 실제로 오산시에는 군사 기지가 없다. 하지만 평택시에 있는 '오산 공군 기지'의 이름 때문에 공군 기지가 있는 것으로 잘못 알고 있는 사람이 많다.

연천은 신석기 유적의 도시이다.
군의 중앙을 경원선 철도가 지나간다. 6·25 전쟁 때 수많은 유적이 소실되었다. 한탄강 유역의 수질이 매우 좋았으나 최근 수질 오염이 문제로 제기되고 있다. 등산객이 많다.

동두천은 경기도 최북단에 있다.
경기도 최북단에 위치한다. 6·25 전쟁 기념물로 벨기에, 룩셈부르크 참전 기념탑과 노르웨이 참전 기념비, 현충탑, 충혼탑이 있다. 군사 보호 지역이며, 식품 및 접객업소가 많이 발달했다.

가평은 수도권의 대표적인 관광지이다.
가평은 광주산맥이 지나고 북한강이 흐르고 있어 주변에 많은 관광지를 형성하고 있다. 청평호, 가평천, 조종천 등을 중심으로 펜션들이 늘어나고 있다.

가평의 특산물 잣

서울특별시의 행정 구역도와 내부 구조도 색칠하기

서울특별시의 행정 구역도와 내부 구조도를 색칠하며 서울특별시의 특징을 살펴보자.

광화문광장은 과거 한양의 중심가였던 육조거리를 재현한 곳으로, 2009년 8월 1일에 개방되었다. 이후 각종 정치적 이슈가 있을 때마다 촛불 집회가 열리면서 직접 민주주의의 상징이 된 곳이기도 하다.

서울은 우리나라의 수도이자 정치·경제·사회·문화의 중심지이다. 한반도 한복판에 있으며, 한강을 사이에 두고 강북과 강남으로 나뉜다. 서울은 관악산, 북한산 등으로 둘러싸인 분지로서 과거에는 방어에 유리한 지형을 가졌으며, 분지 내부에는 너른 들과 큰 강이 흐르고 있어서 농업에도 유리한 땅이었다. 이런 이유로 서울은 조선의 500년 수도이기 전인 2000년 전 백제 때부터 수도로 이용된 적이 있다. 2000년 전에 처음 수도의 지위를 얻은 뒤, 시대에 따라 위례성, 한산, 한성, 한양, 양주, 남경, 경성 등으로 불렸다.

서울은 면적으로 보아 한반도의 0.28퍼센트(남한 면적의 0.61퍼센트)를 차지하며, 마치 개구리의 머리처럼 생겼다. 오늘날의 서울은 과거에 비해 넓어졌다. 특히 1960년대 이후 이촌 향도 현상과 함께 도시화가 빠르게 진행되면서 서울 주변의 30킬로미터 내 지역까지 수도권을 형성했다.

서울은 국제적인 도시로 각종 행사가 열리고 있는데, 1988년 하계 올림픽이 열렸고, 2010년에는 G20, 2012년에는 핵 안보 정상 회의가 열렸다. 서울의 자매 도시로는 베이징, 앙카라, 로마 등 17개국의 18개 도시가 있다.

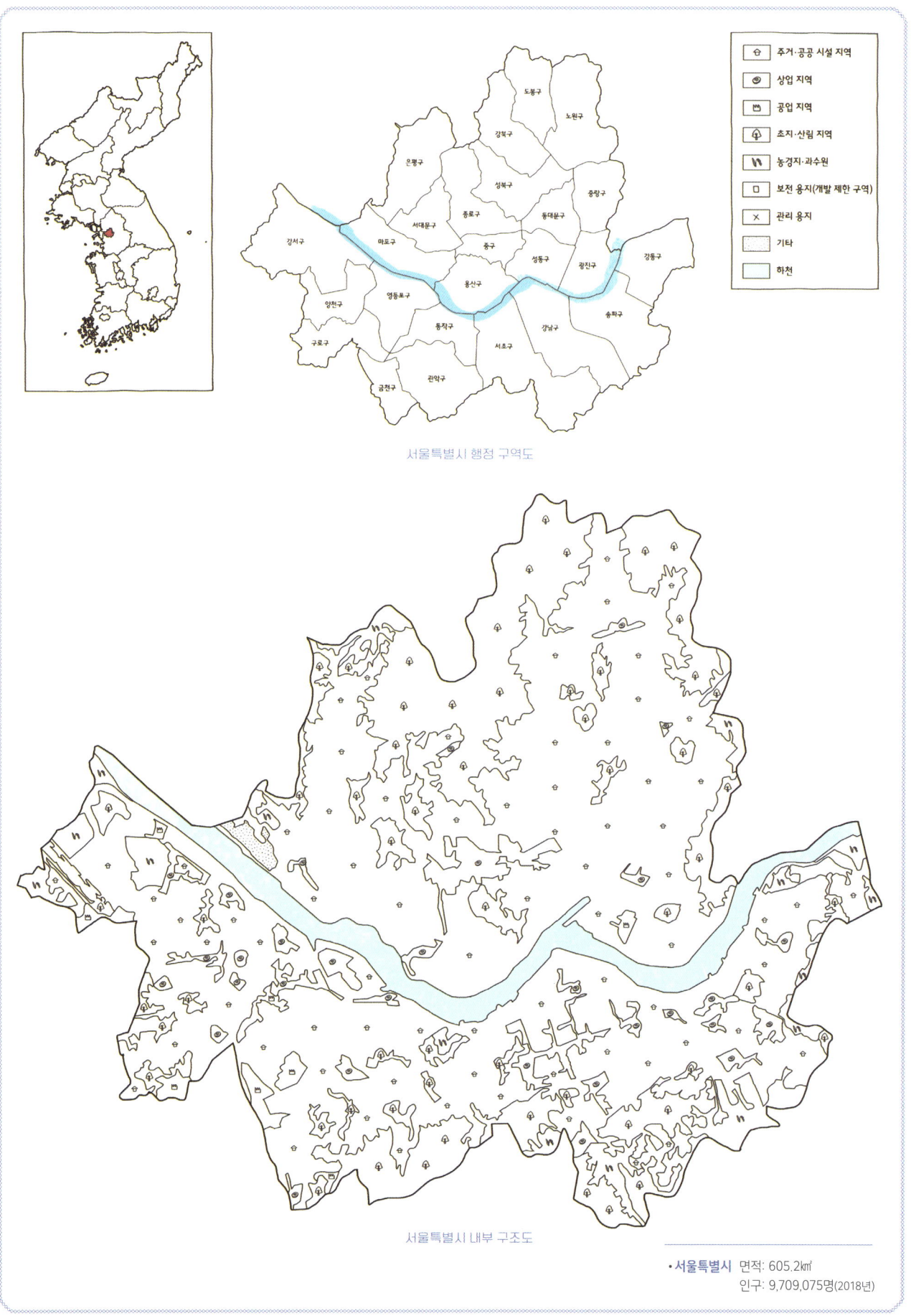

서울특별시 행정 구역도

서울특별시 내부 구조도

• **서울특별시** 면적: 605.2㎢
  인구: 9,709,075명(2018년)

종로

조선 초, 도성의 사대문을 연결하는 통로였으며, 육의전 등이 있는 전문적인 상업 지역이었다. 도성 내 시각을 알리는 종루(鐘樓)가 있어서 '종로'라고 불렸고, 도성 문이 열리고 닫힐 때면 구름처럼 사람들이 모여서 '운종가'로도 불렸다. 1946년 종로 1가~종로 6가로 개칭되었다.

여의도

한강 중간에 있는 섬이다. 하중도로서 모래로 된 범람원이며, 가축을 키웠었다. 조선 시대에는 양화도 또는 나의주로 불렸고, 국회 의사당 자리인 양말산은 홍수 때 다 잠기지 않고 윗부분을 살짝 보이고 있어서 '나의 섬', '너의 섬' 하며 부르던 것이 한자로 여의도가 되었다고 한다.
1916년 간이 비행장이 들어섰고, 광복 후까지 있었다. 1968년에 윤중제를 쌓은 뒤 금융 중심지가 되었다.

광화문광장

종로구 광화문 앞 세종로 중앙에 만들어진 길이 557미터, 너비 34미터의 큰 광장이다. 세종로의 옛 모습을 복원하고 시민들의 역사 문화 체험 공간으로 조성

북촌은 조선 시대에 권세 있는 양반들이 주로 모여 살았던 곳으로, 전통 가옥을 잘 보존하고 있어 명소가 되었다.

서울 성곽은 1396년(태조 5년)에 수도 한양을 지키기 위해 돌로 만든 성곽이다. 성곽의 둘레를 따라 사대문과 사소문을 만들었는데 삼청동, 성북동, 장충동에 아직 흔적이 남아 있다.

할 목적으로 2009년에 개방했다. 광화문광장은 다시 몇 개의 구간으로 나뉘는데 '광화문의 역사를 회복하는 광장', '육조 거리의 풍경을 재현하는 광장', '한국의 대표 광장', '시민이 참여하는 도시 문화 광장', '도심 속의 광장'이다. '한국의 대표 광장'에는 높이 9.5미터의 세종 대왕 동상이 있다. 한편 광장 가장자리에는 365미터의 '역사물길'을 조성했고, 광장 북단에는 한양의 상징인 해치상(해태상)이 있다.

북촌

청계천과 종로의 북쪽 마을이라고 해서 북촌이다. 600년 서울 역사를 상징하는 장소로, 가회동, 재동, 계동, 원서동, 삼청동, 안국동, 인사동 등이 해당한다. 900여 채의 전통 한옥에는 지금도 주민들이 산다. 조선 시대에는 왕족과 최고위급 관료들이 거주한 고급 주택 지역이었다. 자수박물관, 매듭박물관 등 전시장과 현대적 카페가 함께하는 곳이다.

코엑스

강남구 삼성동 한국종합무역센터 내에 있다. 국제 비즈니스의 메카이자 아시아 최고의 전시장으로 만들어진 우리나라 최대의 종합 전시관이다. 12개의 전문 전시실과 7000명을 수용하는 컨벤션 홀이 있다. 아시아·유럽 정상 회의(ASEM), 노벨 평화상 100년전, 서울 국제 도서전, 무역 서비스 쇼, 인터폴 서울 총회, 세계 무역 센터 협회 총회 등이 열렸다. 세계 식품 과학 기술 대회, 경제 협력 개발 기구(OECD) 국제 워크숍, 세계 교통 학회 서울 대회 등 각종 전시회, 국제회의 등을 개최했다.

서울타워

용산구에 있으며, 송신탑 부분인 N서울타워와 문화·상업 시설 부분인 서울타워플라자를 합쳐 부르는 말이다. 정식 명칭은 'YTN 서울타워'이며, '남산타워' 또는 '서울타워'라고도 불린다. 타워의 총 높이는 236.7미터이다.

방송국의 전파 송출을 위한 종합 전파탑으로 건설되었으며, 1975년에 완공했다. 2013년 아날로그 방송이 종료함에 따라 방송사 직원들이 쓰던 본관 층은 문화·상업 복합 공간인 서울타워플라자로 재탄생했다. 타워의 테라스는 연인들의 데이트 코스인 '사랑의 자물쇠'로 유명하며, T7층에는 48분을 주기로 바닥이 360도로 도는 회전식 프렌치레스토랑이 있다.

인천광역시의 행정 구역도와 내부 구조도 색칠하기

인천광역시의 행정 구역도와 내부 구조도를 색칠하며 인천광역시의 특징을 살펴보자.

송도 센트럴파크는 송도 국제도시가 들어서면서 조성된 도심 공원이다. 고층 빌딩과 함께 산책로, 넓은 잔디, 억새밭, 정원 등이 잘 어우러져 이국적인 풍광을 이룬다.

인천의 면적은 약 1000여 제곱킬로미터이며, 그중 경기도에서 편입된 강화군이 411제곱킬로미터를 차지한다. 따라서 총면적은 서울에 비해 훨씬 넓다. 물론 바다를 끼고 있는 면적이다. 인천은 예부터 중국 대륙의 문물이 한반도에 들어오고, 우리의 것이 해외로 나가는 관문이었다.

인천은 해안을 매립해서 만든 간척지를 빼고는 대체로 낮은 구릉지들이 평지와 함께 펼쳐져 있다. 구체적으로 인천 북부에는 고도 500미터 미만의 낮은 산들이 펼쳐져 있고, 부평 지역을 중심으로는 평야가 펼쳐져 있다. 한편 인천 앞바다는 조석 간만의 차가 8미터에 이르는 세계적인 갯벌 지역이다. 인천은 수도권 공업 지대에서 서울과 함께 또 하나의 축을 이루는 곳이다. 인천에는 한국수출산업공단, 제재·철강 공업 중심의 지방 공업 단지, 인천 제재 단지 등이 있으며, 이를 토대로 정유·자동차·전기 기기·합판·의복·식품 등 다양한 종류의 공업이 발달해 있다.

한편 영종도에 있는 인천국제공항은 동북아시아의 거점 공항이자 세계적인 공항으로 인천의 지역 이미지 제고에 크게 기여하고 있다.

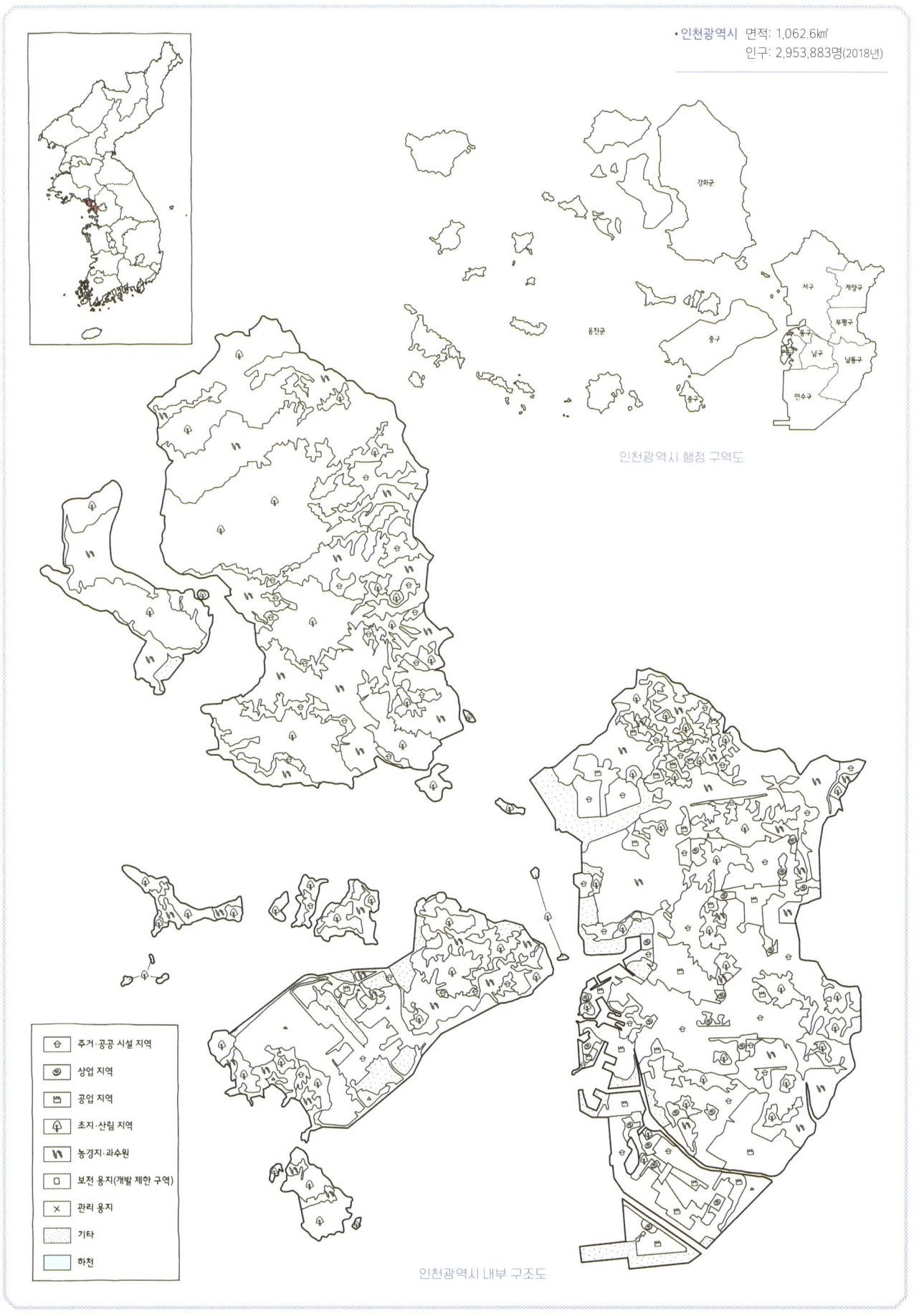

인천광역시 행정 구역도

인천광역시 내부 구조도

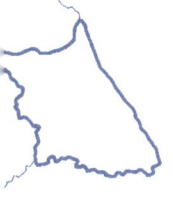

강원도의 특징적인 지형을 살펴보자

강원도는 '첩첩산중'이라는 말이 딱 어울리는 지형이다. 하지만 고속 도로와 철도가 놓이면서 접근이 용이해져 지역 가치가 높아지고 있다.

태백산은 우리 민족의 시조인 단군의 아버지 환웅이 하늘에서 내려와 나라를 세운 산이다. 산세가 완만하지만 무게감이 느껴진다.

태백산맥은 한반도의 척추이다.

한반도의 척추를 이루는 척량 산맥으로, 우리나라에서 가장 길다. 태백산맥은 예부터 영동 지방과 영서·경기 지방과의 자연적 경계가 되었고, 양 지역 간의 교류에 장애물이었다. 이에 따라 양 지역 간 생활 모습에 차이가 생겨났다.

금강산은 일만 이천의 화강암 봉우리이다.

태백산맥 북부에 광범위하게 걸쳐 있다. 동서로 주봉에서 갈라진 산줄기와 산봉우리가 잇달아 솟아 있어 '일만 이천 봉'을 이룬다. 사계절의 변화에 따라 아름다움이 달라져 금강산, 풍악산, 봉래산, 개골산 등으로 불린다.

설악산은 눈 덮인 모습이 아름답다.

고도 1707.86미터로, 남한에서 세 번째로 높다. '설악'이라는 이름은 겨울에 흰 눈이 덮인 모습이 특히 인상적이라 붙은 지명이다. 설악산 일대는 세계적으로 희귀한 자연 자원의 분포 서식지로서 우리나라 최초로 유네스코 생물권 보존 지역으로 지정되었다.

소양강은 춘천의 자랑이다.

강원도 춘천을 지나는 하천이다. 물길의 굴곡이 심해 육상 교통에 지장을 주기도 하지만, 춘천에서 인제까지는 선박을 이용한 교통로로 이용되기도 한다. 소양강 다목적 댐은 관광지로 알려져 있다.

평창강은 수상 스포츠로 멍들고 있다.

강원도 평창을 지나 남한강에 합류한다. 직선거리는 60킬로미터이지만 유로 연장은 220킬로미터로, 굴곡진 감입 곡류 하천이다. 여름에는 급류를 이용한 래프팅 등 수상 스포츠가 활발하다.

치악산은 '치 떨리게' 험하다.

차령산맥의 줄기에 있는 영서 지방의 명산이다. 고도 1288미터이며, 남북으로 웅장한 산군을 이룬다. 주 능선은 남북으로 뻗어 있는데, 대체로 서쪽이 급경사이고 동쪽이 완경사이다. 해마다 원주 지부에서 주관하는 치악예술제가 열린다.

오대산을 중심으로 태백산맥과 차령산맥이 만난다.

태백산맥 중심부에서 차령산맥이 서쪽으로 뻗어 나가는 첫머리에 우뚝 솟아 있다. 고도는 1563미터이며, 전형적인 토산으로 산림 자원이 풍부하고 겨울에는 강설량이 많다. 1975년 국립공원으로 지정되었다.

태백산에서 하늘에 제사를 지낸다.

고도는 1567미터이며, 비교적 산세가 완만하다. 탄전이 많고 철광석, 석회암, 텅스텐, 흑연 등의 지하자원이 풍부하다. 산 정상에는 예부터 하늘에 제사를 지내던 천제단이 자리하고 있는데 이곳에서 개천절에 천제를 지내는 태백제가 열린다.

화진포 해변은 남한의 최북단 동해안이다.

동해안 최북단에 있다. 아름다운 백사장으로 유명하며, 김일성 별장과 수복 후 건립된 화진포 이승만 별장이 위치한다.

경호 해변은 호수가 아름답다.

강원도 강릉에 있는 동해안 최대의 해변으로, 모래사장의 면적만 1.44제곱킬로미터이다. 깨끗한 해수와 완만한 수심으로 많은 관광객이 찾는다. 경호(경포대 호수) 서쪽 구릉 위의 경포대와 더불어 주변에 많은 경승지가 어우러져 있다.

설악산은 우리나라의 척추로 불리는 백두 대간의 중심에 있는 산으로, 산세가 아름다워 '제2의 금강산'이라고 부르기도 한다.

강원도의 지형 색칠하기

강원도의 지형을 색칠하며 강원도 지형의 높낮이와 형태를 알아보자.

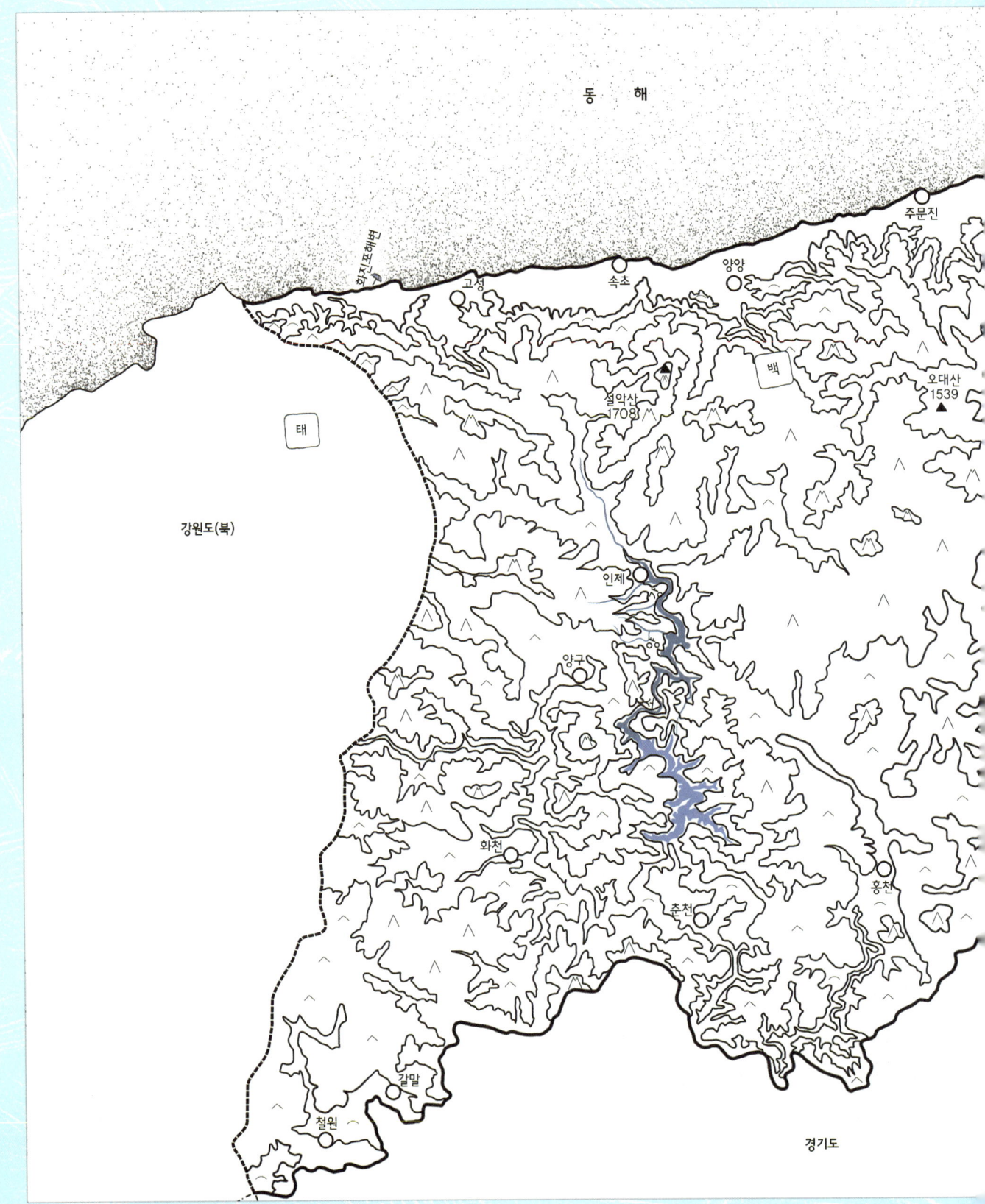

※ 지도의 방향은 인덱스 지도를 참조하세요.

동해
삼척
산
맥
태백
태백산
1567
정선
경상북도
영월
평창
평 창 강
치악산
1288
횡성
원주
충청북도
문막

•단위: m
0 ~ 100
100 ~ 200
200 ~ 500
500 ~ 1000
1000 ~ 1500
1500 ~ 2000
2000 ~
호수

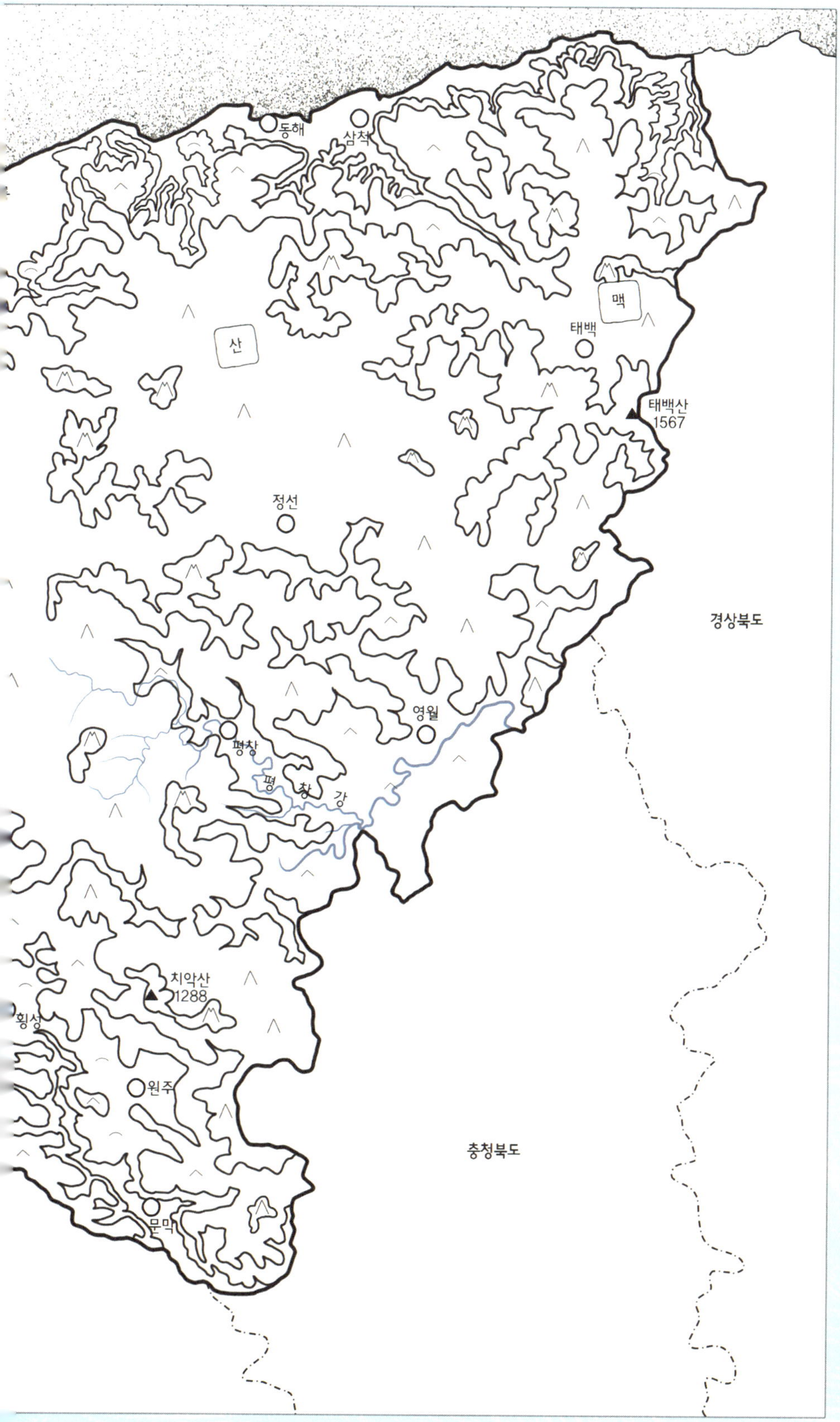

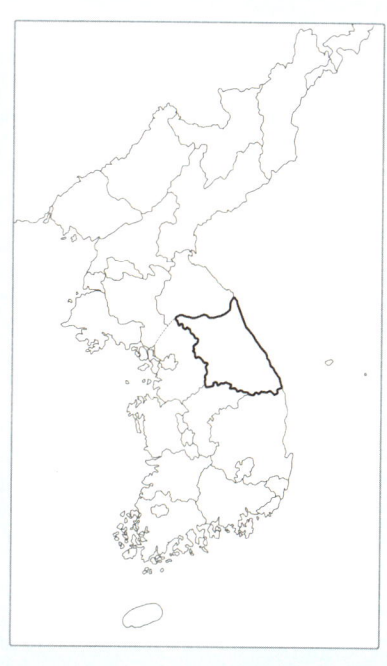

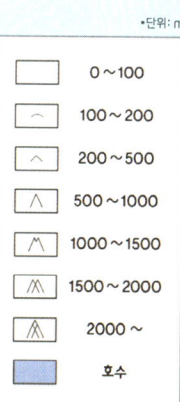

강원도에는 어떤 도시가 있을까?

강원도에는 대도시가 없어 다른 지역들에 비해 도시 발달은 늦은 편이다. 그러나 자연환경과 역사를 이용한 관광 도시, 군사 도시로서 발달했다. 강원도의 도시에 대해 알아보자.

평창은 스키, 스노보드, 썰매 등 겨울 스포츠로 유명한 지역이었는데 2018년 동계 올림픽을 성공리에 개최하면서 더욱 그 입지를 다지게 되었다.

강원도의 '강'은 강릉에서 왔다.

최근 경강선이 뚫리고 평창 동계 올림픽을 계기로 KTX 고속철도가 다녀 서울과의 시간 거리가 가까워졌다. 석호인 경호 앞의 경포해수욕장을 포함한 모래사장이 많다. 신사임당의 본가이자 이율곡이 태어난 오죽헌이 있다. 오죽헌은 집 뒤뜰에 손가락 굵기의 검은색 대나무가 무리를 이루고 있어서 붙여진 집 이름이다.

강원도의 '원'은 원주에서 왔다.

강원도 내에서 수도권과의 접근성이 가장 양호한 편이다. 영동고속도로와 중부고속도로가 지나는 등 교통망이 발달해 있는 교통 요충지이다. 원주는 '첨단 의료 건강 도시'를 표방하고 있다. 2005년엔 'WHO 건강 도시 원주'를 선언하고 건강 관련 세미나와 국내 최대 규모의 걷기 대회를 개최하고 있다.

춘천은 호수가 아름답다.

소양호·춘천호·의암호 등 호수가 많고, 이들 호수는 홍수 조절과 전력 발전에 이용되고 있으며, 최근에는 관광지로 각광받고 있다. 한편 내륙에 위치해 연교차가 크고, 호수가 많아서 안개 끼는 날이 많다. 호반의 도시로, 중도, 남이섬 등에서는 각종 수상 스포츠를 즐길 수 있고, 막국수와 닭갈비가 유명하다.

평창은 2018 동계 올림픽이 열린 곳이다.

태백산맥에 위치해 있어 고원을 이루며, 2018년에 동계 올림픽이 개최된 도시이다. 동계 올림픽 개최를 위해 여러 경기장이 세워졌으며, 용평리조트, 알펜시아리조트 등 스키장이 많다. 평창은 고원 지대로, 여름에는 시원하고, 봄, 가을은 꽃과 단풍이 절경을 이루며, 겨울에는 스키 등을 즐길 수 있어 사계절 관광이 가능하다.

태백은 탄광 도시에서 관광 도시로 성장하고 있다.
태백산 협곡 지대에 위치한다. 질 좋은 무연탄이 매장되어 있어 국내 최대의 탄광이었으나 1980년대 이후 석탄 합리화 정책에 따라 현재는 대부분 폐광되었고, 관광 도시로 발전하고 있다.

홍천은 계곡이 아름답다.
남한의 시·군 중 면적이 가장 넓다. 태백산맥 서사면에 위치하며 수타계곡과 용소계곡이 유명하다. 홍천 지방에서 나는 홍천 잣과 옥수수는 전국적으로 유명한 특산물이다. 최근에는 홍천과 연결되는 도로가 곳곳에 뚫리면서 수도권과의 접근성이 유리해져 주말이면 많은 관광객이 찾는 도시가 되었다.

홍천의 특산물 옥수수

• 강원도 면적: 16,873.51㎢
  인구: 1,543,780명(2018년)

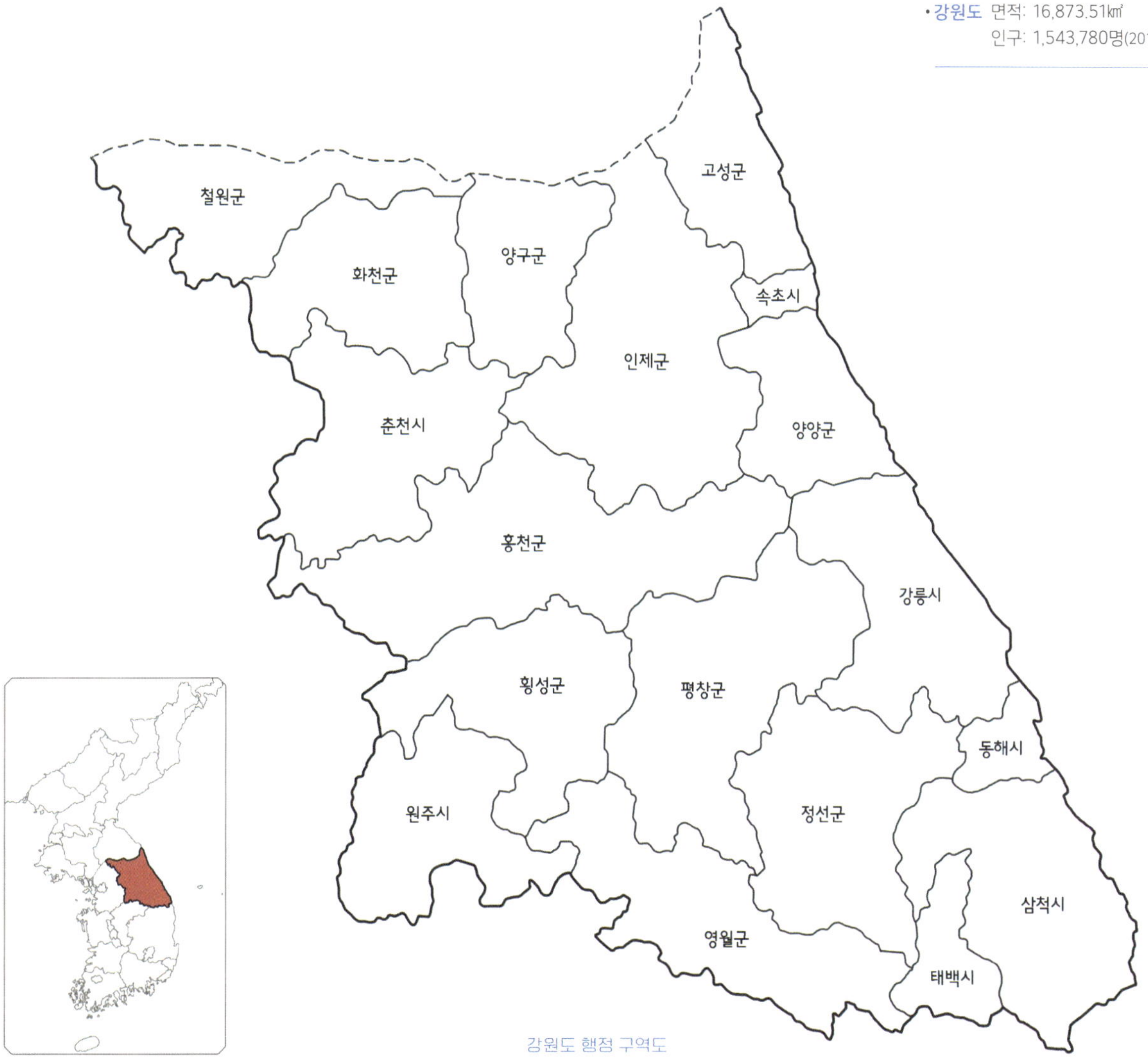

강원도 행정 구역도

두타산은 강원도 동해시에 있는 산으로, 특히 화강암으로 이루어진 무릉계곡은 폭포 및 기암절벽들이 만들어 내는 풍광이 다양하고 특이하다.

속초는 청초호와 영랑호를 품고 있다.

강원도 북부 해안에 있으며, 석호인 청초호와 영랑호가 있다. 청초호는 풍랑 때 어선의 대피 정박지이다. 강원도 내 다른 도시에 비해 관광 서비스업 인구 비중이 매우 높다.

영월은 석회암 지형이 아름답다.

기반암이 석회암 지대인 영월은 고씨굴 등 석회 동굴이 많아 관광 자원으로 활용되고 있다. 또 석회암과 석탄 등 각종 광물 자원의 개발이 활발하다. 연간 800만 톤이 넘는 석회암이 채굴되고 있다. 한편 조선 시대 왕인 단종 유배지로 자연 및 역사 관광이 가능한 곳이다.

삼척은 돌리네와 우발레의 지역이다.

우리나라의 대표적인 석회암 지대로 영월과 함께 석회굴, 돌리네, 우발레 등 카르스트 지형이 발달해 있다. 깨끗한 백사장과 천혜의 자연 경관이 빼어난 천연 해수욕장, 계곡, 명산, 동굴 등으로 관광 산업이 발달했다.

양구는 펀치볼이 유명하다.

양구군은 화천댐과 소양강댐 건설로 평야 대부분이 물에 잠겨 전체 면적의 85퍼센트가 임야와 호수이다. 파로호 등 여러 호수는 내수면 어업, 수상 교통로, 관광지 등으로 이용된다. 한편 양구는 6·25 전쟁 당시의 격전지가 많아 안보 관광지이기도 하다.

철원은 안보 관광지이다.

용암이 분출하여 만들어진 철원평야에 자리 잡고 있다. 6·25 전쟁 당시 대격전지로 '철의 삼각 지대'라고 불렸고, 오늘날에도 군부대가 집중되어 있다. 제2 땅굴, 고석정, 6통제소, 5통제소 등 안보 관광지가 있으며, 한탄강에서는 래프팅을 즐길 수 있다.

동해에서 울릉도와 금강산으로 가는 배가 출발했었다.

동해시의 묵호항에서는 1일 2회 울릉도행 배편이 있으며, 동해항에서는 1998년부터 금강산 관광선이 출항했었다. 산, 계곡, 해안 등 자연 관광지가 풍부하며, 시멘트의 원료인 석회암의 매장량이 풍부하다.

강원도 양양에 있는 통일 신라 시대의 사찰 낙산사는 높이 16미터에 이르는 해수 관음보살 입상으로 유명하다.

인제는 설악의 도시이다.

관광 명소로 인제 팔경이 유명하며 설악산 국립공원의 내설악 지구가 위치하여 많은 관광객들이 찾는다. 현재 소양호 일대에 산악자전거, 패러글라이딩, 번지점프, 서바이벌 게임 등을 할 수 있는 모험 관광 종합 개발을 계획하고 있다.

고성은 강원도 최북동부이다.

강원도 최북동부에 위치하여 휴전선과 맞닿아 있으며, 임업이 발달했다. 진부령 부근의 고랭지 농업 역시 활발하며, 동해 북부선을 따라 북한의 원산과 이어진다.

양양은 축제의 도시이다.

전국에서 네 번째로 큰 양양국제공항이 2002년부터 운영되고 있다. 매년 해맞이축제, 송이축제, 연어축제가 열리고 있다.

화천은 휴전선과 접하고 있다.

북한강에 화천댐을 건설함으로써 만들어진 파로호에 많은 지역이 수몰되어 평야는 거의 없다. 화천군에는 서비스 업종 종사자가 절반을 넘는데, 이는 휴전선에 접하고 있어 군대가 많고, 이에 따라 군 가족들의 면회로 숙박, 요식업 등이 발달한 것으로 보인다.

횡성은 한우와 더덕의 고장이다.

명품 한우와 더덕의 주산지로 유명하다. 한우의 고장답게 축산 단지 조성책을 통해 축산업이 활기를 띠고 있다. 경강선 철도가 지나며, 〈횡성 회다지 소리〉를 기반으로 태기문화제가 열린다.

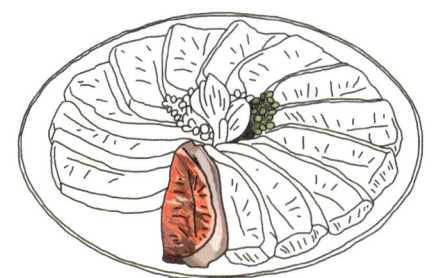

횡성의 특산물 한우

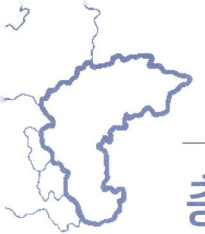

충청북도의 특징적인 지형을 살펴보자

충청북도는 전라도만큼 평야가 많지는 않지만 강원도만큼 산이 많지도 않다.

단양 고수동굴은 석화, 동굴 산호, 동굴 진주, 동굴 선반, 아라고나이트 등 석회암 동굴에서 볼 수 있는 온갖 생성물들을 전부 보여 주는 전시장과도 같은 곳이다.

차령산맥은 온대와 냉대의 경계이다.
태백산맥에서 갈라져 나와 충청도를 관통하는 산맥으로, 평균 고도는 약 600미터이다. 중생대 말에 형성되었을 것으로 추정되는 습곡 산맥이다. 이 산맥에 있는 칠갑산은 아름다워 충청남도의 도립공원으로 지정되었다.

충주호는 어종이 풍부한 호수이다.
충주, 제천, 단양에 걸쳐 있는 인공 호수로, 충주댐을 건설하면서 생겨났다. 우리나라에서는 소양호 다음으로 큰 호수이며, 경관이 뛰어나고 어종이 풍부해 낚시꾼이 붐빈다.

소백산은 소백산맥의 줄기에 솟아 있다.
괴산과 경상북도 상주의 경계에 있으며, 고도는 1058미터이다. 소백산맥 줄기에 솟아 있으며, 선덕 여왕 때에 진표 스님을 따라 사람들이 산속에 들어가 도를 닦은 뒤로 '속리산'이라고 불렀다. 1970년에 국립공원으로 지정되었다.

월악산은 달이 뜨면 더 아름답다.
충주, 제천, 단양에 걸쳐 있는 산으로, 최고봉은 영봉(1097미터)이다. 달이 뜨면 영봉에 걸린다 하여 '월악'이라고 불렀다. 사자빈신사지 석탑, 중원 미륵리 삼층 석탑 등 유적이 많이 있다. 한국의 5대 악산 중 하나이며, 1984년에 국립공원으로 지정되었다.

고수동굴은 지하수가 만들었다.
석주, 석순 등 경관이 아름다운 천연기념물이다. 동굴 안에 흐르는 물이 있어 고수귀뚜라미붙이, 노래기, 진드기, 박쥐 등 동굴 생태계를 이루는 데 유리한 조건이 된다.

탄금대는 우륵이 가야금을 타던 곳이다.
달천이 남한강에 합류하는 지점에 있는 지형으로, 신라 시대의 악성 우륵이 가야금을 연주하던 곳이라 하여 '탄금대'라고 불리게 되었다. 임진왜란 당시 조선의 신립 장군이 왜군을 막을 때 배수진을 쳤던 곳이기도 하다.

대청호는 철새와 텃새의 천국이다.
인공 호수이며, 저수량이 15억 톤으로 남한에서 세 번째로 큰 호수이다. 1980년에 대청댐이 완성되면서 형성되었고, 철새와 텃새가 많이 서식하고 있다.

옥계폭포는 '박연폭포'라고도 불린다.
영동군에 있는 폭포로, 박연폭포라고도 불린다. 물줄기가 20미터를 넘으며, 주변 경관과 어우러져 절경을 이룬다. 박연폭포라는 이름은 이곳을 찾던 박연 선생의 이름에서 따왔다.

제천 의림지는 고대의 저수지이다.
김제의 벽골제, 밀양의 수산제와 함께 우리나라에서 가장 오래된 저수지이다. 축조 시기는 삼국 시대로 추정되며, 현재까지도 충청북도 제천 지방의 중요한 수자원이 되고 있다.

달천은 물맛이 달콤하다.
괴산과 충주를 지나는 하천으로, '달래강', '감천'이라고도 불린다. 속리산에서 발원해 충주에서 남한강 상류와 합류한다. 충북선 철도와 달천은 충주의 용두동에서 서로를 가로질러 지나간다. 길이는 약 123킬로미터이다.

제천의림지는 우리나라에서 가장 오래된 저수지로, 삼한 시대부터 지금까지 이용되고 있다.

충청북도의 지형 색칠하기

충청북도의 지형을 색칠하며 충청북도 지형의 높낮이와 형태를 알아보자.

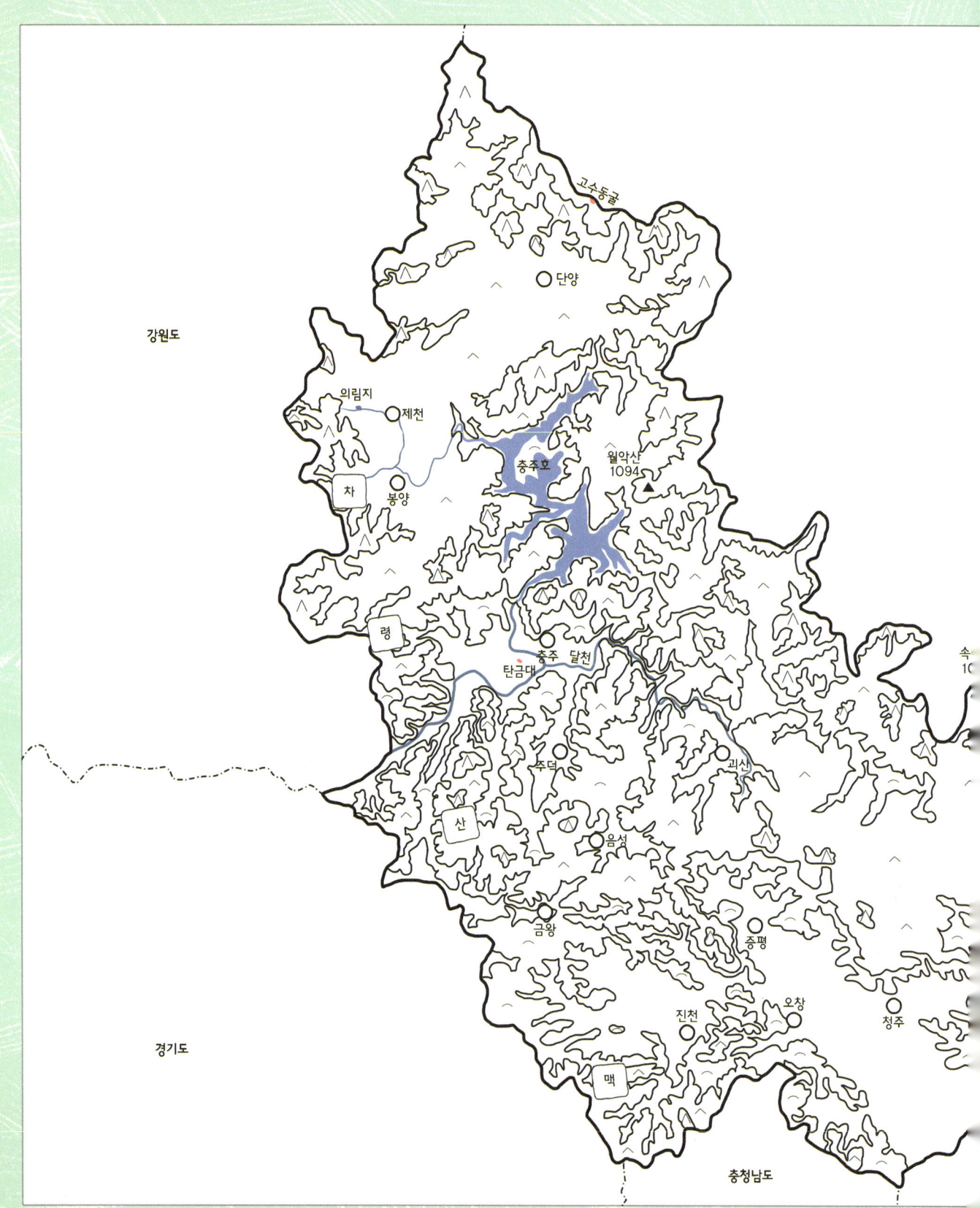

※ 지도의 방향은 인덱스 지도를 참조하세요.

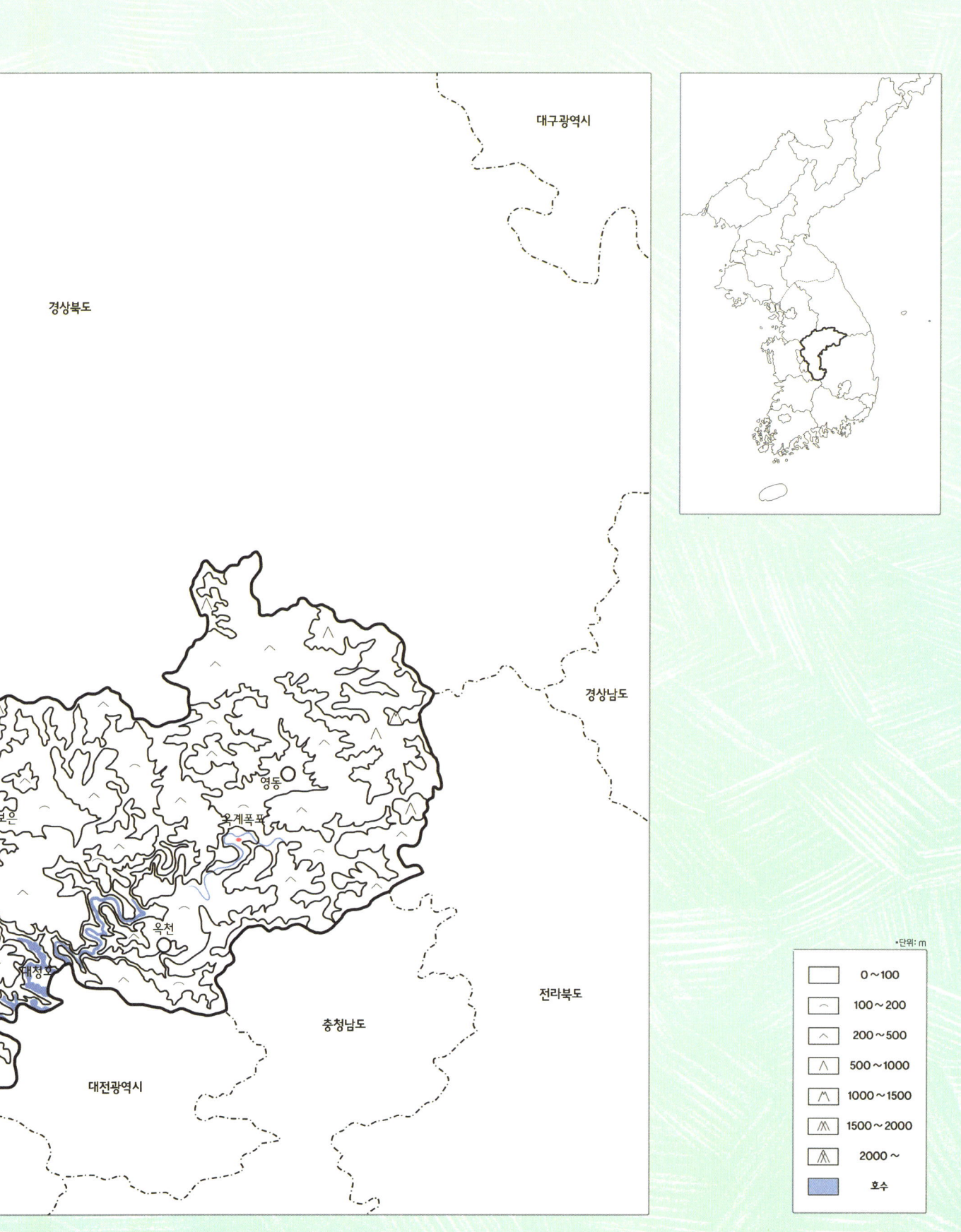

충청남도의 특징적인 지형을 살펴보자

충청남도는 구릉성 산지와 바다가 아름답다.

안면도가 있는 태안군은 국내에 하나밖에 없는 '해안국립공원' 지역으로 해안선 곳곳마다 절경을 이룬다. 안면도에는 해안선을 따라 14개의 해수욕장이 이어져 있다.

안면도는 이제 육지와 이어진다.
면적은 약 90제곱킬로미터이며, 남한에서 여섯 번째로 큰 섬이다. 조수 간만의 차가 커서 갯벌이 넓게 펼쳐진다. 높은 산 없이 구릉지 형태를 띠고 있고, 다양한 농작물 중 고추와 마늘의 생산량이 많다.

태안반도는 만리포와 천리포를 품고 있다.
태안, 서산, 예산, 당진이 속한 반도로, 충청남도에서 서해로 돌출해 있다. 해안선이 매우 복잡한 리아스식 해안이며, 주변의 경치가 아름다워 태안 해안국립공원으로 지정되었다. 만리포, 천리포, 몽산포 등 해수욕장도 유명하다.

계룡산은 '닭 볏을 쓴 용'이라는 뜻이다.
충청남도와 대전광역시의 경계에 있다. 고도는 845미터(천황봉)이며, 능선의 모양이 닭의 볏을 쓰고 있는 용과 같다고 하여 '계룡산'이라는 이름이 붙었다. 풍수지리적으로 한국 4대 명산에 들 만큼 신성하게 여기는 산으로, 조선 시대에는 이곳으로 수도를 옮기려고 했다.

칠갑산은 '충남의 알프스'이다.
고도는 561미터이고, 청양군에 속하며 1973년에 도립공원으로 지정되었다. 신라 문성왕 때 창건한 장곡사가 있는데, 이곳의 철조 약사여래 좌상부 석조 대좌는 국보이다. 산세가 험해 '충남의 알프스'라는 별명으로 불린다.

예당평야는 예산과 당진에 걸쳐 펼쳐져 있다.
충청남도 서부 일대에 펼쳐져 있으며, 삽교천, 무한천, 곡교천 유역에 형성된 충적 평야이다. '예산'과 '당진'의 앞 글자를 따서 예당평야라고 부른다. 1979년에 삽교천방조제가 건설된 이후 농작물 생산량이 증가했다.

금강은 낙화암이 아름답다.
전라북도 장수군에서 발원해 충청남도와 전라북도의 경계를 이루며 흐르다가 군산만으로 흘러든다. 길이는 약 394킬로미터이며, 하류의 부여 지역에는 낙화암이 있다. 강 주변으로 논농사가 발달했다.

백마강은 소정방의 전설을 품고 있다.
부여 부근을 흐른다. 보통 부여읍의 범바위에서부터 현북리의 파진산 모퉁이까지 약 16킬로미터 구간만을 백마강이라고 한다. 백마강이라는 이름의 유래는 소정방이 백마의 머리를 미끼로 용을 낚았다는 설과 과거 '백강'이라고 불리던 것을 '백제에서 가장 큰 강'이라는 뜻으로 말 마(馬) 자를 붙였다는 설이 전한다.

만리포 해변의 모래사장은 길다.
태안의 해변으로, 길이는 약 2.5킬로미터이다. 북쪽으로 이어져 있는 천리포 해변과 함께 태안 해안국립공원을 이룬다. 주변에 위치한 천리포수목원은 우리나라 최초의 민간 수목원으로, 1만 5000여 종의 식물이 살고 있다.

대천 해변에서는 머드축제가 열린다.
보령에 있는 해변으로, 대천반도 끝에 있다. 7월 중순이면 머드축제가 열려 머드를 이용한 다양한 체험을 해 볼 수 있다. 관광을 위한 교통 및 숙박 시설이 잘 갖추어져 있다.

격렬비열도는 군사적으로 중요하다.
태안에 속해 있는 섬으로, 관장곶 서쪽 55킬로미터 해상에 있다. 북격렬비도, 동격렬비도, 서격렬비도라는 3개의 무인도로 이루어져 있고, 육지와의 정기적 해상 교통은 없으나 군사적으로 중요하다.

천수만은 김과 굴이 자란다.
안면도와 태안반도로 둘러싸인 만으로, 해안선 길이가 약 200킬로미터에 달한다. 수심이 얕아 큰 선박의 출입은 불편하지만, 염전이 발달했으며 김과 굴 양식이 성행하고 있다. 간석지가 여러 곳에 펼쳐져 있지만 간척 사업으로 없어진 곳도 많다.

대천 해변의 모래는 동양에서는 드물게 조개껍데기 가루로 이루어져 있어 모래가 몸에 잘 달라붙지 않고 물에 잘 씻긴다.

충청남도의 지형 색칠하기

충청남도의 지형을 색칠하며 충청남도 지형의 높낮이와 형태를 알아보자.

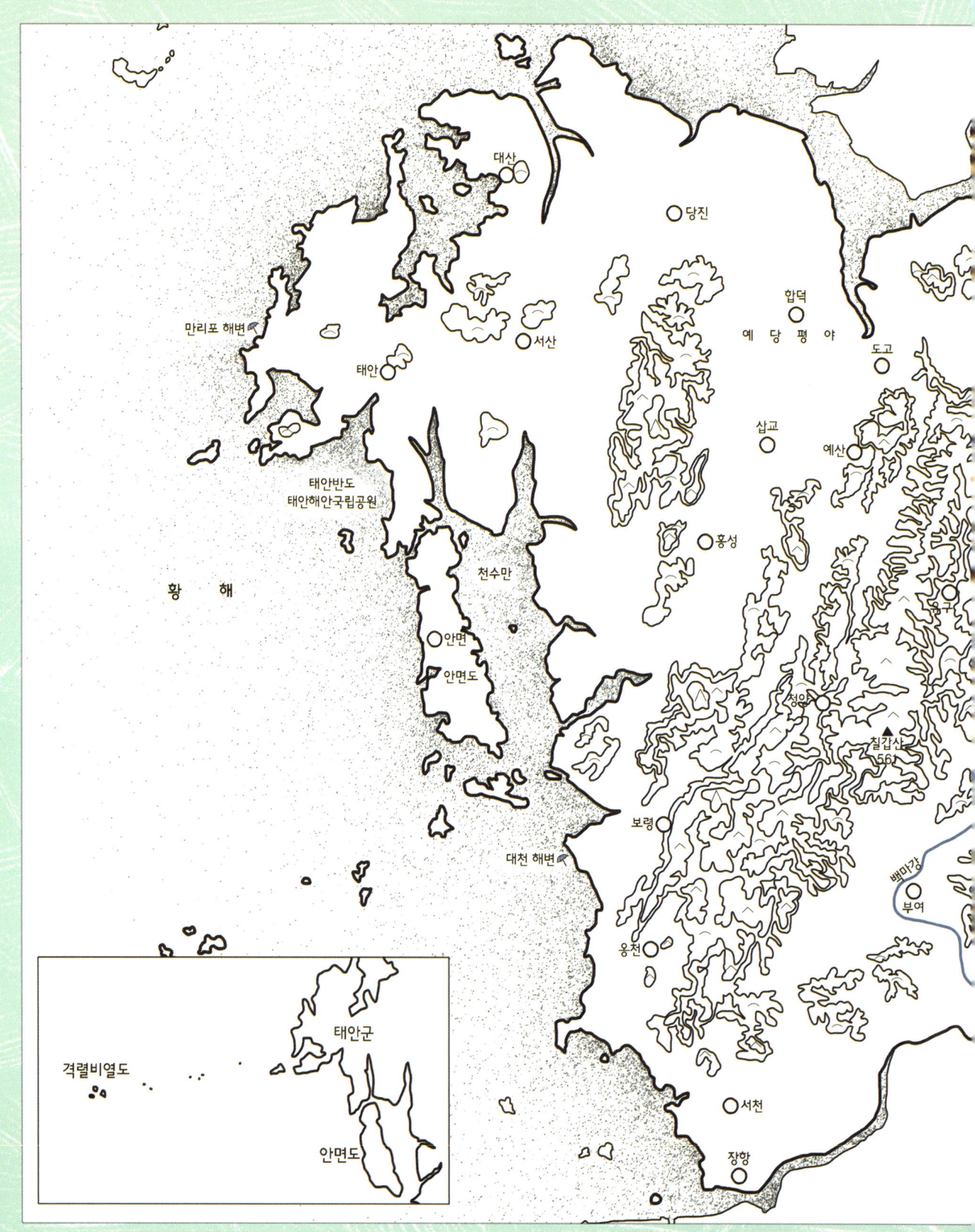

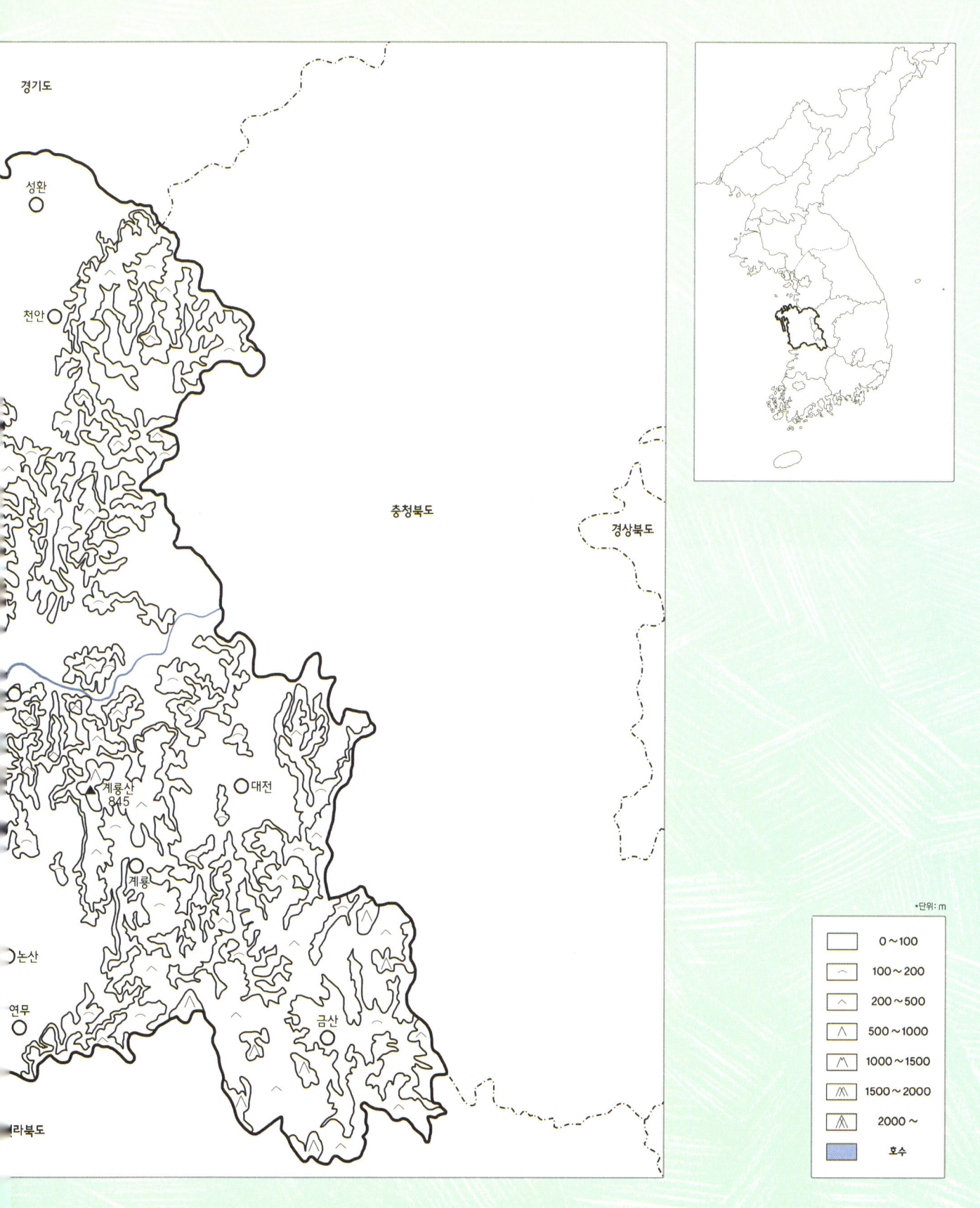

충청도에는 어떤 도시가 있을까?

충청도는 남한에서는 지리적으로 중앙에 위치하고 있어 교통의 중심을 이루며, 수도권의 확대로 발전이 더욱 기대되는 지역이다. 충청도의 도시에 대해 알아보자.

충주댐이 지어지면서 생긴 충주호는 우리나라에서 규모가 가장 큰 인공 호수로, '내륙의 바다'라고 불리기도 한다.

충청도의 '충'은 충주에서 왔다.
경상북도, 경기도, 강원도와 맞닿은 도시로, 충청북도 북부 중앙에 위치하고 있다. 삼국 시대에는 고구려, 백제, 신라의 접경 지역으로서 삼국의 문화재가 많이 발굴되었다.

충청도의 '청'은 청주에서 왔다.
충청북도의 도청 소재지로 충청북도의 정치, 행정, 문화, 교육 등의 중심지이다. 2014년 청원군과 통합하며 면적이 940.3제곱킬로미터로 늘었고, 명암약수터와 국립청주박물관 등 휴식처로서의 공간이 많다.

제천에는 유물과 유적이 많다.
남한강 상류부에서 구석기, 신석기, 청동기, 초기 철기 시대의 유물과 유적이 많이 발굴되었다. 충주댐 건설로 매몰되었던 문화유산을 3년에 걸쳐 복원한 청풍문화재 단지도 있다.

홍성은 김좌진 장군의 도시이다.
산악과 구릉으로 이루어져 있고, 김좌진 장군 생가터가 있다. 1970년대 홍성 대지진으로 유명해진 도시이다.

보령은 관광 도시로 발전하고 있다.
해안가에서는 김 양식이 활발하고, 축산업과 농업도 발달했다. 만세보령특미라는 무공해 쌀이 생산된다. 진흙을 이용한 보령머드축제는 세계의 이목을 끌고 있다.

당진은 서해안고속도로가 생기며 급성장했다.
잦은 간척 사업으로 복잡한 해안이 단조로워졌다. 서해안고속도로의 개통으로 수도권과 가까워지면서 도시 발달이 빠르게 진행되었다. 당진란, 당진쌀, 순성밤, 면천두견주 등의 특산물이 유명하다.

아산은 충무공의 도시이다.
평택과 남북으로 맞닿아 있다. 남현충사, 아산온천, 삽교호 등 관광 자원을 다수 보유하고 있으며, 도고온천, 온양온천이 유명하다. 또한 충무공 이순신 장군의 사당인 현충사도 있다.

단양은 팔경이 유명하다.
'단양 팔경'이라고 불리는 아름다운 계곡들이 많고, 시멘트 공업의 중심지이다. 경상북도와 맞닿아 있으나 산세가 험해서 과거에는 죽령 고갯길을 통해서만 소통했다.

천안은 수도권으로 성장하고 있다.
천안 삼거리가 유명한데, 경상 감영으로 가는 진천로와 전라 감영으로 가는 공주로의 분기점으로, 현재는 그곳에 삼거리공원이 있다. 수도권과 지하철로 연결되면서 기능적으로 수도권으로 분류되기도 한다.

천안의 특산물 호두

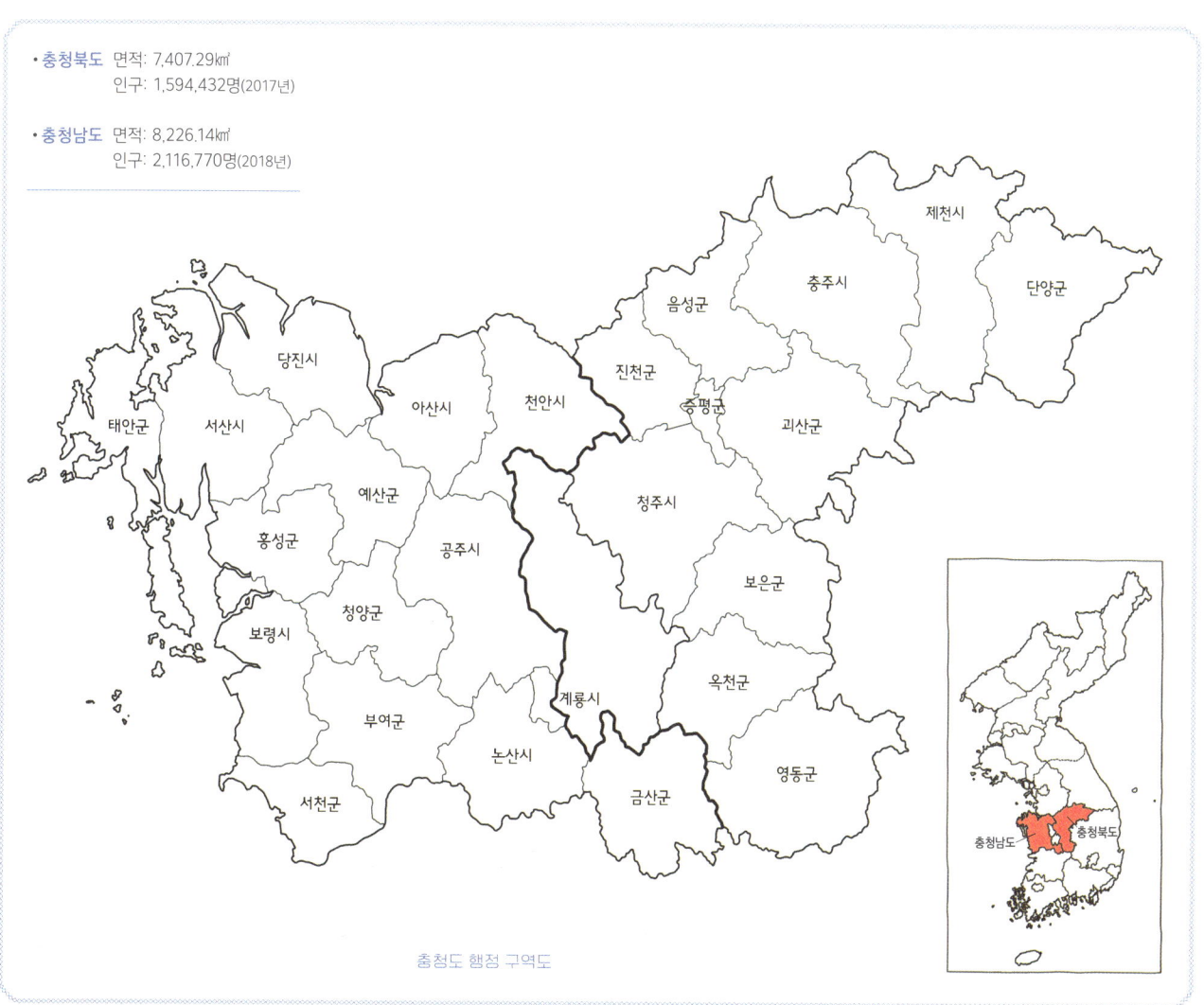

- **충청북도** 면적: 7,407.29㎢
  인구: 1,594,432명(2017년)
- **충청남도** 면적: 8,226.14㎢
  인구: 2,116,770명(2018년)

충청도 행정 구역도

서산은 해미읍성의 도시이다.
해미면의 해미읍성과 천주교 순교지가 유명하다. 해미의 천주교 순교지는 2014년 프란체스코 교황이 방문한 이후 더욱 유명해졌다.

서천은 전라북도와 마주한다.
남쪽의 금강을 경계로 전라북도와 마주한다. 서천의 장항항은 한때 군산항과 함께 해안 수송의 중심을 이루었으나 2000년대에 토사 매몰로 항구의 기능을 잃은 상태이다.

논산은 육군 훈련소의 도시이다.
1996년에 군에서 시로 승격했다. 시의 중앙부에 논산저수지가 있어 농업에 이용된다. 육군 신병이 교육받는 논산훈련소로 가장 유명하다.

계룡에는 육군 본부가 있다.
2003년에 계룡시로 승격했다. 1989년부터 1993년까지 육·해·공 3군의 본부인 계룡대 이전 사업으로 대규모 군 가족이 이동해 온 도시이다.

영동은 서울과 부산의 중간에 있다.
경상도, 충청도, 전라도 등 3개 도의 접경지대에 있다. 옥계폭포와 송호국민관광단지 등 이름난 관광지가 있다. 물한계곡이 있는 상촌면은 신라와 백제가 싸울 때 신라의 김흠운 장군이 전사한 곳으로 유명하다.

보령 북부 지역의 모든 길은 오천과 통한다는 말에서 알 수 있듯이 예부터 오천항은 보령의 중심지였다. 깊숙이 들어간 만에 위치한 덕에 별도의 방파제 시설이 필요 없는 천혜의 항구이다.

음성에는 저수지가 많다.
경기도와 충청북도의 경계를 이룬다. 6·25 전쟁 때 공산군을 처음으로 물리친 무극전적국민관광지가 있고, 저수지가 많아 낚시꾼들이 즐겨 찾는다.

진천의 3대 자랑은 쌀·장미·관상어이다.
진천평야에서는 벼농사가 이루어지고 있으며, 특히 진천 쌀은 맛과 빛깔이 최고로 인정되고 있다. 진천 장미는 절화 장미로 중부권 최대의 장미 단지를 형성하고 있으며, '아롱이'로 부르는 진천 관상어는 진천군의 여러 양어장에서 기른다.

보은은 부처님의 은혜에 보답하는 곳이다.
15세기 세조 대왕이 병을 얻어 속리산에서 기도하기 위해 보은을 찾았다. 왕의 병이 낫자 부처님의 은혜에 보답한다는 뜻에서 지명을 보은으로 바꾸었다는 전설이 있다. 보은은 기후가 온화하고 바람이 약해 감나무 재배에 유리하며, 따라서 감 생산이 많다. 특히 이곳의 회인월하감은 껍질이 얇고 살이 많아 임금에게 올리는 진상품이었다.

청양은 구기자가 유명하다.
논농사가 중심을 이루며, 잡곡과 잎담배, 구기자가 많이 생산된다. 청양에는 칠갑산 도립공원과 석조삼존불입상, 청양읍 청양향교와 장곡사 등 명승고적이 많아서 매년 많은 관광객이 찾는다.

청양의 특산물 고추

법주사 팔상전은 우리나라에 유일하게 남아 있는 목탑이다.

예산은 구릉지가 많다.
하천이 범람해 만들어진 기름진 예당평야가 펼쳐져 있어서 쌀 생산이 많다. 특히 구릉지에서는 과일 농사가 많이 이루어지는데 사과 재배가 유명하다. 남한에서 가장 큰 예당저수지가 있다.

증평은 내륙 중 내륙에 있다.
충청북도는 남한에서 유일하게 내륙에 위치하는 도인데, 증평은 그중에서도 유일하게 다른 도와 경계를 닿지 않고 있다. 증평은 넓은 들과 하천을 배경으로 쌀과 과수 재배가 활발했으나, 교통과 지역 방위의 중심지가 된 이후로는 농업 비율이 감소하고, 기타 서비스업의 비율이 증가하고 있다.

금산은 충청남도의 산악 도시이다.
충청남도 최고의 산악 지대이다. 국제인삼시장, 수삼시장, 약초시장 등 인삼 및 약초와 관련된 시장이 많고, 이를 통해 관광객을 유치하고 있다.

대전광역시의 행정 구역도와 내부 구조도 색칠하기

대전광역시의 행정 구역도와 내부 구조도를 색칠하며 대전광역시의 특징을 살펴보자.

1993년도 대전 엑스포의 성공을 기원하며 갑천 위에 세워진 엑스포다리는 다리 양쪽에 빨간색과 파란색의 아치를 교차시켜 태극을 상징한다.

대전은 남한에서는 국토의 중앙에 해당한다. 따라서 고속도로, 철도 등의 분기점이 되어 교통의 요지를 이룬다. 대전은 서울까지 167킬로미터, 부산까지 294킬로미터, 광주까지 169킬로미터 거리에 있어 '남한의 중도'라고도 부른다. 중도는 '중앙에 있는 수도'라는 뜻이다.

대전의 면적은 약 539제곱킬로미터로, 서울보다 조금 작은 편이다. 대전은 동부와 남부는 고도 500미터 내외의 산지가 많이 있으며, 서부와 북부는 구릉지와 평야가 펼쳐져 있다.

대전은 과학 기술 도시로 발전했다. 대덕 연구개발특구가 조성되어 한국과학기술원(KAIST), 한국전자통신연구원, 한국항공우주연구원, 한국화학연구원, 한국과학기술정보연구원 등 주요 과학 기술 기관들이 모여 있다. 2011년 국제과학비즈니스벨트 거점 도시로 지정되었고, 2015년 OECD 과학 기술 장관 회의를 개최했다.

한편 대전은 영상 산업도 발달했다. 이에 따라 국내 최대 규모의 다목적 영상 종합 시설을 갖춘 스튜디오 큐브(Studio Cube)가 엑스포 과학공원에 마련되었다.

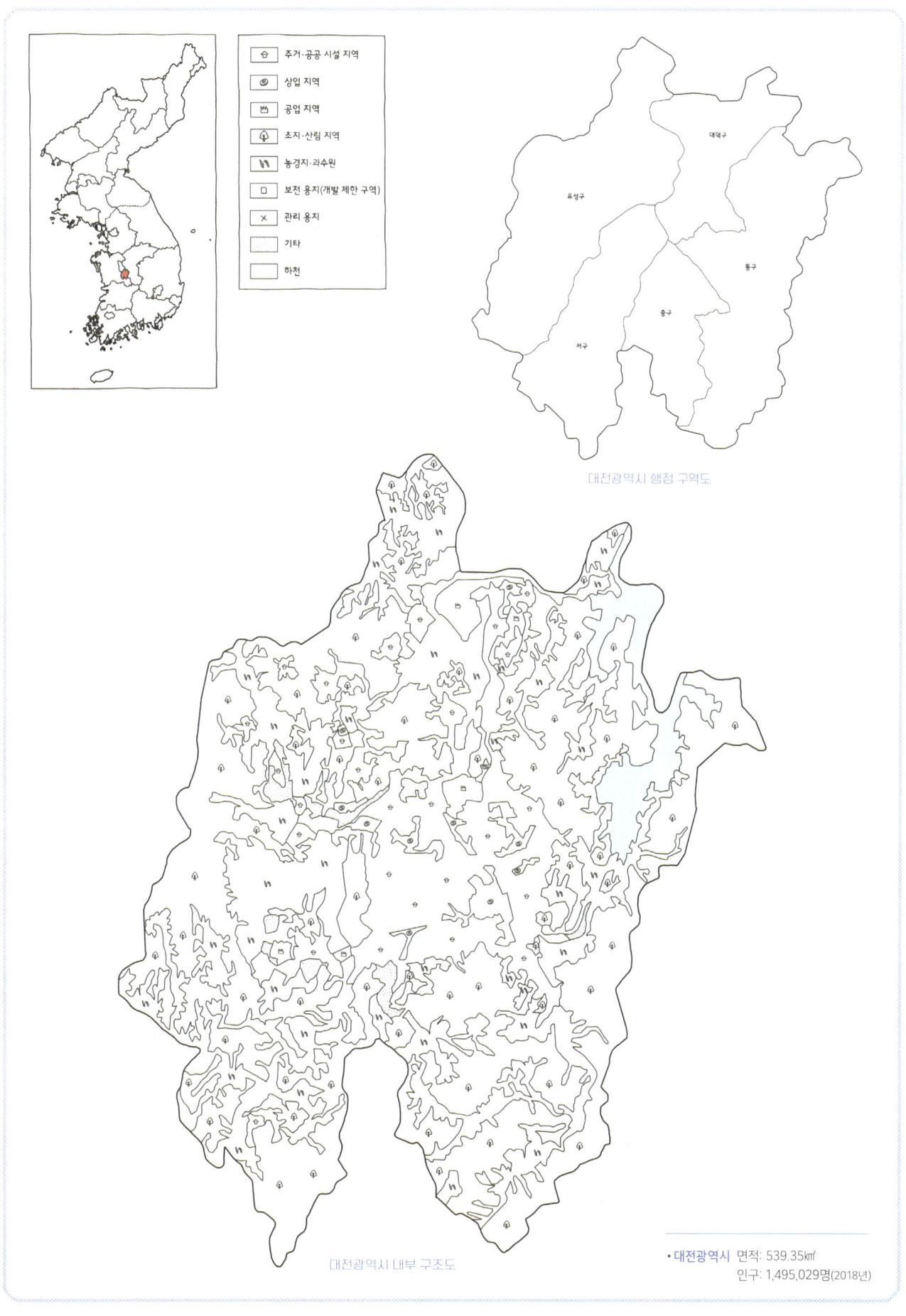

대전광역시 내부 구조도

• **대전광역시** 면적: 539.35㎢
 인구: 1,495,029명(2018년)

세종특별자치시의 행정 구역도와 토지 이용 계획도 색칠하기

세종특별자치시의 행정 구역도와 토지 이용 계획도를 색칠하며 세종특별자치시의 특징을 살펴보자.

정부세종청사는 세종특별자치시에 세워진 대한민국 정부 청사이다. 꼭대기에는 세계에서 가장 크다는 옥상 정원이 있어 견학을 신청하는 사람들에게 개방하고 있다.

2010년 발표한 '세종시 설치 등에 관한 특별법'에 따라 충청남도 연기군 전역, 공주시 일부와 충청북도 청원군 일부를 흡수하여 2012년에 특별자치시가 되었다. 면적은 약 465제곱킬로미터로 서울의 70퍼센트 정도에 해당한다.

세종특별자치시 중심으로 금강과 미호천이 흐르고, 남쪽에는 대전광역시가 위치한다. 세종시는 서울의 과밀화를 해결하고, 국토의 고른 발전을 위해 혁신 도시 사업과 연계하여 노무현 정부 시절부터 조성했다. 이에 따라 서울과 과천에 있던 9부 2처 2청의 정부 기관이 정부세종청사로 이전했다. 세종이란 이름은 세종 대왕의 묘호에서 따왔으며, '세상(世)의 으뜸(宗)'이라는 뜻이다.

세종시는 현재 조성 중인 시로, 행정 중심 복합 도시 주변 지역에서 근교 농업이 이루어지고 있고, 그 농업 지역에서 복숭아·배·쌀 등을 재배한다.

주요 관광지로는 세종시의 랜드마크인 한두리교, 행정 중심 복합 도시를 한눈에 볼 수 있는 밀마루전망대가 있다.

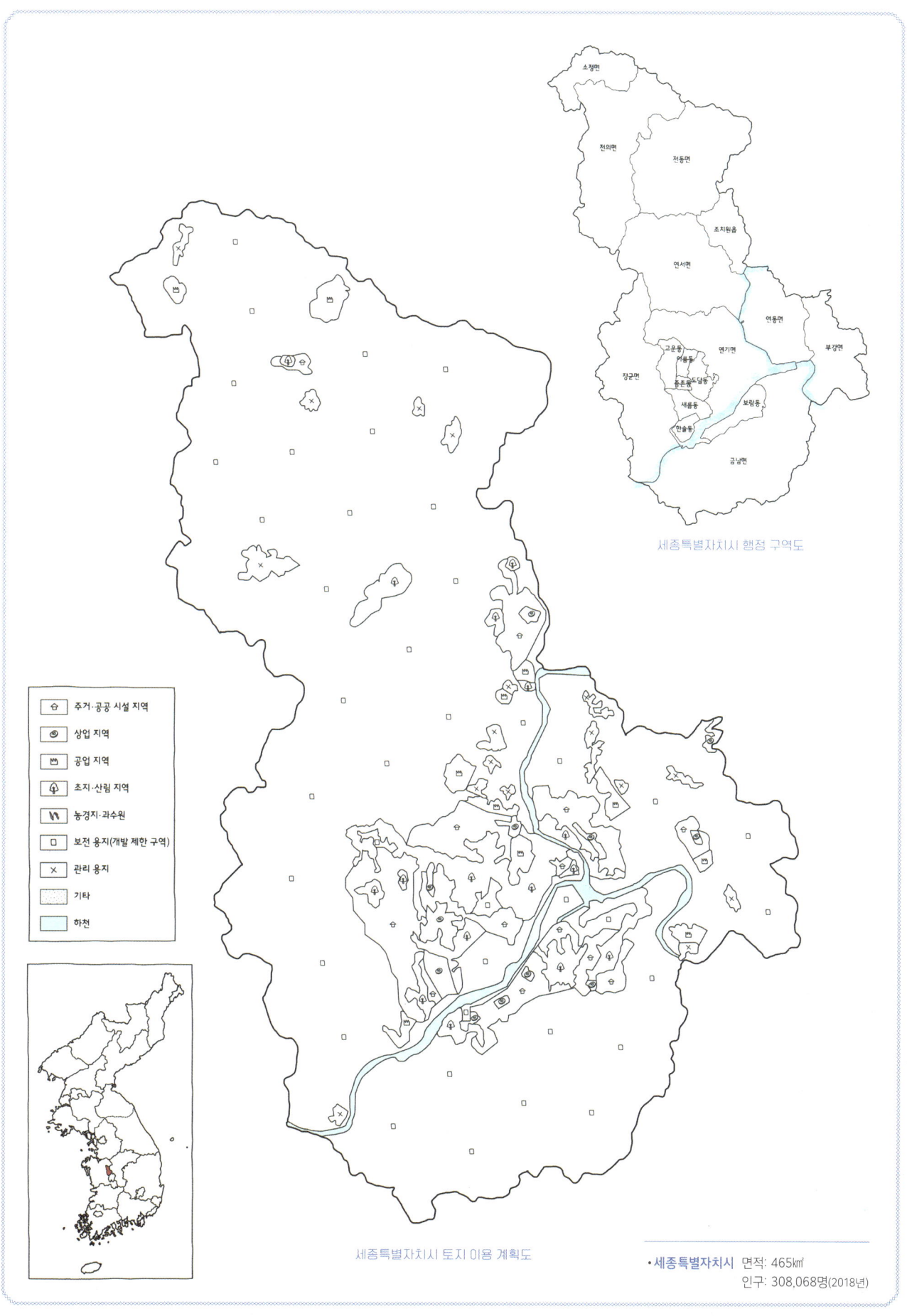

세종특별자치시 토지 이용 계획도

세종특별자치시 행정 구역도

• 세종특별자치시 면적: 465㎢
  인구: 308,068명(2018년)

온대 기후인 한국의 **남부 지방**

남부 지방은 중부나 북부와 달리 온대 기후이다. 온대 기후는 가장 추운 달의 평균 기온이 영하 3도 이상인 기후이다. 우리나라에서는 경상도, 전라도, 제주특별자치도가 포함된다. 남부 지방 중 전라도 지역은 평야가 넓고, 기온이 높아 곡창 지대를 이룬다. 반면에 경상도 지역은 해안을 따라 공업 도시가 발달해 있는 우리나라 최대의 중화학 공업 지대이기도 하다. 남북 관계에 따라 부산에서 유럽까지 철도가 놓이면 더욱 발전하리라 기대된다.

부산광역시의 야경

경상북도의 특징적인 지형을 살펴보자

경상북도는 태백산맥과 소백산맥으로 둘러싸여 거대한 분지를 이루는 지역이다.

안동호는 경상도 최대의 인공 호수이다.
우리나라에서 소양호 다음으로 큰 인공 호수이다. 1976년 안동댐이 만들어지면서 생겨난 호수로, 면적은 서울시의 12분의 1 정도이다. 유람선을 타고 관광을 할 수 있고, 낚시도 할 수 있다.

소백산맥은 영남과 호남의 경계를 이룬다.
영남 지방과 호남 지방을 나누는 산맥으로, 태백산맥에서 뻗어 나와 지리산까지 이어진다. 총 3개 도, 5개 군에 걸쳐 높은 산악 지대를 이루며, 소백산, 문수산, 속리산, 지리산 등 1000미터 이상 되는 높은 산들이 있다.

호미곶은 한반도의 꼬리이다.
포항시의 장기반도 끝부분에 돌출되어 있다. 생김새가 말갈기 같다 하여 '장기곶'으로 불렸으나 2001년 '호랑이 꼬리'라는 뜻으로 '호미곶'이라고 명명되었다. 암석 해안으로 해식애가 발달했고, 해맞이광장에 〈상생의 손〉이라는 조형물이 유명하다.

영일만은 한반도 꼬리 밑에 있다.
호미곶으로 둘러싸여 있는 만이다. 형산강이 바다로 흘러드는 지점으로, 충적 평야가 형성되어 있어 농업이 유리하다. 강어귀에는 포항공업단지가 위치하고 있으며, 해안에는 단구가 발달해 있다.

문경새재는 새도 쉬어서 넘는다.
조선 태종 14년에 개척해 관도로 쓰이던 고갯길이다. 경상도에서 소백산맥을 넘어 한양으로 가는 길목이라는 특성을 이용해 임진왜란 이후 관문과 관방 시설을 축조했다. 2007년에 일대가 명승 제32호로 지정되었다.

호미곶은 생김새가 말갈기와 비슷해서 장기곶으로 불리다가 2001년 12월, '호랑이 꼬리'라는 뜻의 호미곶으로 불리기 시작했다. 호미곶의 유명한 기념물인 〈상생의 손〉은 더불어 사는 사회를 만들어 가자는 의미로 만든 조각물로, 바다에는 오른손이, 육지에는 왼손이 있다.

주왕산은 암벽 산이 병풍처럼 이어져 '석병산'이라고도 불린다. 산이 깊고 땅이 기름져 다양한 동식물이 산다.

소백산은 명승지가 많다.
최고봉은 비로봉(1439미터)이고, 야생화와 함께 에델바이스(왜솜다리)가 자생하며, 주목의 최대 군락지가 펼쳐져 있다. 고구려, 백제, 신라의 경계에 있어 문화 유적과 명승지가 많고, 국립천문대가 있다.

주왕산은 중생대의 화산이다.
중생대 화산 폭발로 만들어진 아름다운 산이다. 진나라 주왕이 이 산에 피신했다 해서 주왕산이며, 산 곳곳에 주왕과 관련된 전설이 있다. 신라 시대에 세운 대전사를 비롯해 망월대, 무장굴, 신선대 등 명승지가 많다.

금오산에는 금오산성이 있다.
고려 시대에 축조된 금오산성이 있어 임진왜란 때 방어 기지 역할을 했다. 1970년 한국 최초의 도립공원이 되었으며, 해운사, 금강사 등의 고찰과 명금폭포, 세류폭포 등의 명승지가 있다.

울진의 해안도로는 멋진 드라이브 코스이다.
근남면 망양정에서 매화면 덕신리까지 약 17~18킬로미터의 길이로 이어지는 왕복 이차선 도로로, 드라이브 코스로 유명하다. 일출과 해안 경관이 빼어나고, 망양정과 망양해수욕장, 촛대바위, 거북바위 등을 볼 수 있다.

형산강은 경주를 기름지게 했다.
길이 약 36킬로미터를 흐르는 작은 강으로, 울주군에서 발원해 경주, 포항을 거쳐 영일만으로 흘러든다. 포항의 형산(兄山)에서 이름을 따왔다. 강 주변에 평야가 발달해 과거 신라의 수도인 경주 건설에 도움이 되기도 했다.

경상북도의 지형 색칠하기

경상북도의 지형을 색칠하며 경상북도 지형의 높낮이와 형태를 알아보자.

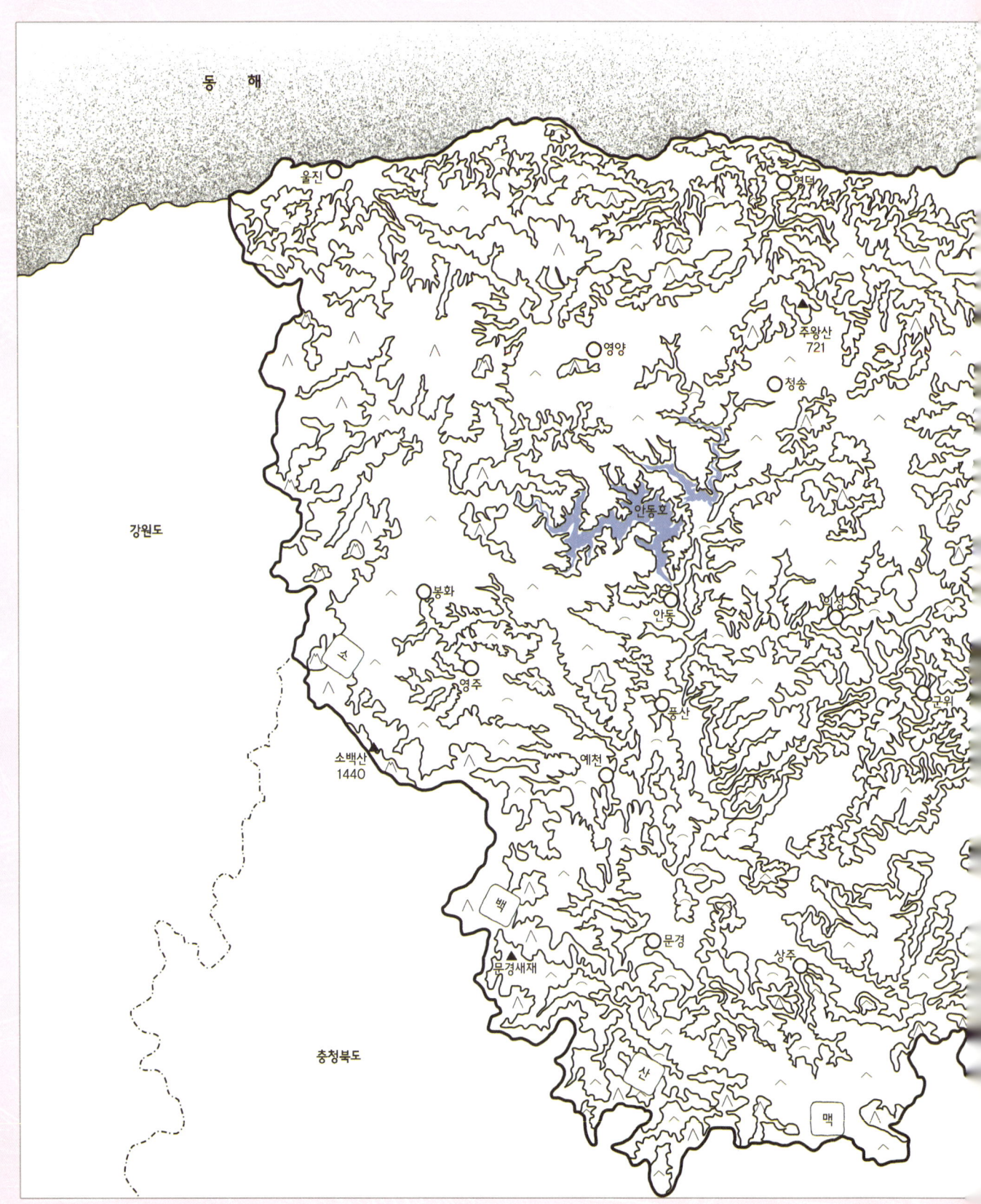

*지도의 방향은 인덱스 지도를 참조하세요.

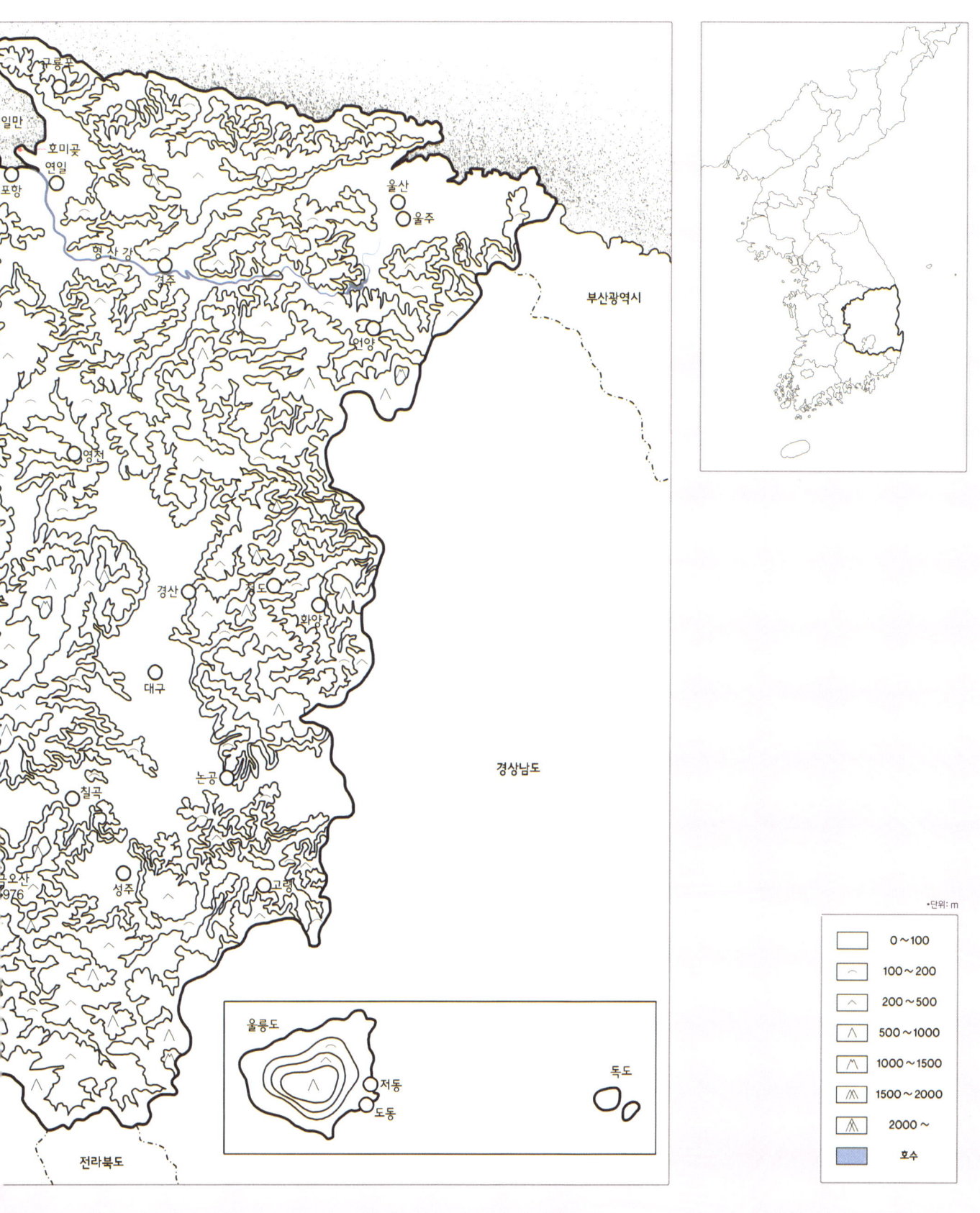

경상남도의 특징적인 지형을 살펴보자

경상남도는 내륙에 산이 많고, 해안에 주로 평야가 발달해 있다.

거제도는 62개의 부속 섬이 있는데, 이 중 사람이 사는 섬은 10개 정도이다. 남쪽의 일부는 한려해상 국립공원에 속한다.

낙동강은 영남 지방의 젖줄이다.
강원도 태백의 황지연못에서 발원해 영남 지방 전역을 유역으로 한다. 약 400킬로미터 상류인 안동에서도 해발 고도가 100미터가 되지 않을 정도로 매우 완만하게 흐른다. 하구에서 삼각주를 형성해 농업과 도시 건설에 도움이 되었다.

남강은 유등축제로 유명하다.
낙동강 지류로, 함양의 남덕유산에서 발원해 남강댐을 거치면서 '남강'이라고 불리게 되었다. 남강은 진주시를 관류해 낙동강으로 합류하게 되는데, 남강 주변에서 홍수가 잦아 남강댐을 건설했다.

태화강은 깨끗하게 다시 태어났다.
울산 가지산과 고헌산에서 발원해 울산을 지나 동해로 흐른다. 길이는 약 46킬로미터이고, 울산에 생활용수 및 공업용수를 제공한다. 과거에는 수질이 나쁘기로 유명했으나 지금은 많이 개선되었다.

우포늪은 세계적으로 중요한 자연물이다.
창녕에 위치하며, 낙동강 지류인 토평천 유역에 있다. 국내 최대 크기의 자연 늪지로, 커다란 4개 늪지로 이루어져 있다. 국제 습지 조약 보존 습지로 지정될 만큼 매우 중요한 자연 자산이다. 식물 186종, 조류 62종, 어류 28종 등이 서식한다.

지리산은 국립공원 1호이다.
전라도와 경상남도에 걸쳐 있으며 최고봉은 천왕봉(1915미터)이다. 어리석은 사람이 머무르면 지혜로워진다 해서 '지리산'으로 불렸으며, 두류산, 방장산으로도 불린다. 천왕봉과 노고단, 반야봉 등을 중심으로 동서 약 40킬로미터에 걸쳐 산악 지대를 이룬다.

가야산은 '경남의 알프스'이다.
합천군과 성주군의 경계에 걸쳐 있으며, 높이는 1403미터이다. '가야국이 있던 곳에서 가장 높은 산'이라는 뜻으로 가야산이라 불린다. 한국 12대 명산 중 하나이고, 조선 팔경에 포함되기도 한다. 해인사를 비롯해 사찰이 많다.

해운대 해변은 세계적인 관광지이다.
부산에 있는 해변으로, 길이는 1.8킬로미터 정도이다. 숙박 및 오락 시설이 잘되어 있어 수많은 관광객이 찾는다. 조수 간만의 차가 적고 수심이 얕아 좋은 해수욕장의 조건을 갖추고 있다.

합천호는 호변이 아름답다.
낙동강 지류인 황강을 막아 합천댐을 건설하면서 만든 인공 호수이다. 붕어와 잉어를 비롯해 수많은 민물고기가 살고 있어 낚시터로 유명하고, 호수를 둘러 달리는 자동차 도로는 드라이브 명소이다.

진주만은 섬으로 둘러싸여 있다.
늑도, 초양도 등 여러 섬에 둘러싸여 있다. 수심이 얕아 대형 선박은 드나들 수 없다. 멸치, 도미, 장어의 어획량이 많고, 굴, 홍합 등의 양식을 병행하고 있다.

거제도는 우리나라에서 두 번째로 큰 섬이다.
우리나라에서 제주특별자치도 다음으로 크다. 산지가 발달해 경작지의 면적이 적은 편이지만, 파인애플, 알로에 등의 재배가 활발하다. 조선업과 어업이 발달했다.

오륙도는 5개나 6개로 보인다.
방패섬, 솔섬, 수리섬, 송곳섬, 굴섬, 등대섬 등 6개의 섬으로 이루어져 있다. 등대섬을 제외한 나머지 섬들은 무인도이며, 동쪽에서 보면 여섯 봉우리, 서쪽에서 보면 다섯 봉우리가 된다 해서 '오륙도'라고 부른다.

김해평야는 낙동강의 선물이다.
낙동강 하구 삼각주에 발달한 평야로, 면적은 서울의 4분의 1 정도이다. 여러 차례 유로 변화를 확인할 수 있다. 대부분 벼농사가 발달했으나 북부에서는 과수를, 중남부에서는 채소를 재배하기도 한다.

우포늪은 1억 4000만 년 전, 한반도가 생성될 시기에 만들어진 늪으로 국내 최대 규모이다. 약 1500종의 동식물이 살고 있는 서식지이기도 하다.

경상남도의 지형 색칠하기

경상남도의 지형을 색칠하며 경상남도 지형의 높낮이와 형태를 알아보자.

경상북도
언양
범서
태화강
울산
울주
밀양
온산
온양
하남
낙 동 강
양산
물금
진영
장안
기장
김해
김 해 평 야
부산
해운대
오륙도
남 해
거제도

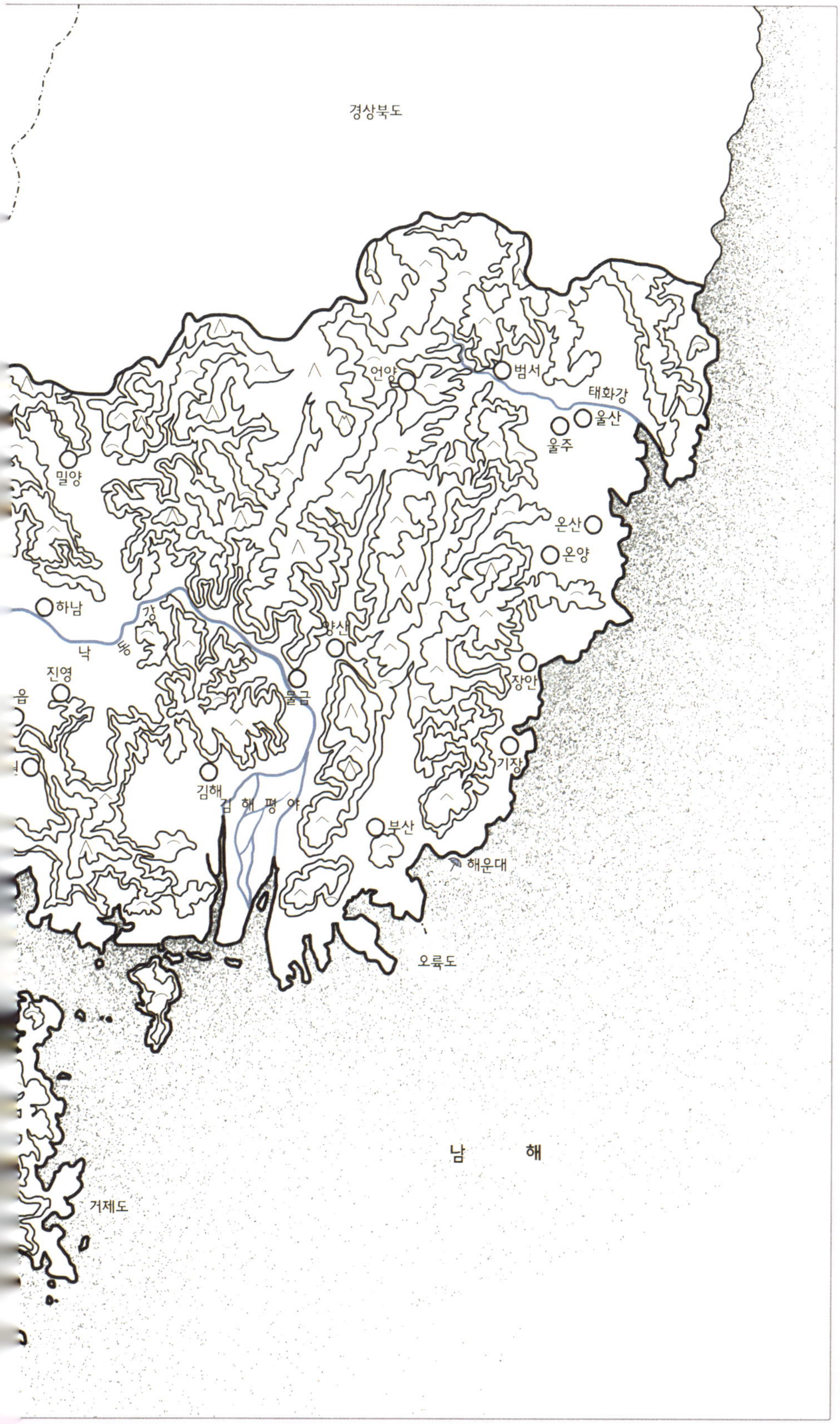

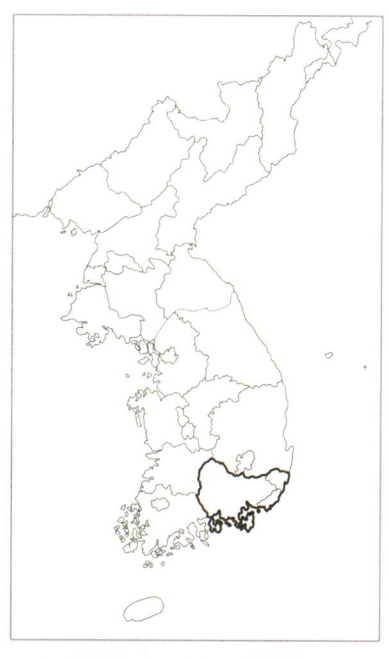

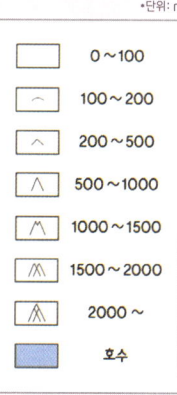

•단위: m
0 ~ 100
100 ~ 200
200 ~ 500
500 ~ 1000
1000 ~ 1500
1500 ~ 2000
2000 ~
호수

경상도에는 어떤 도시가 있을까?

경상도는 경부선과 해안을 따라 공업이 발달했다. 대기업을 중심으로 한 자동차, 조선 등 중화학 공업이 발달한 지역이다. 경상도의 도시에 대해 알아보자.

통영은 한려해상 국립공원의 중심에 자리 잡은 작은 도시로, '한국의 나폴리'라고 불릴 정도로 아름다운 항구가 많은 곳이다.

안동에는 영국 여왕이 다녀갔다.
경상북도에서 가장 넓은 도시로, 서울의 약 2.5배에 달한다. 하회마을과 병산서원 등 문화 유적이 많은 곳이기도 하다.

김천은 교통이 편리하다.
충청도, 전라도, 경상도의 3도 경계부에 위치한다. 전체 인구의 35퍼센트가 농업에 종사하며, 곡창 지대는 금릉평야이다. 경부고속도로와 중부내륙고속도로가 교차해 교통이 편리하다.

상주는 곶감이 맛있다.
경상북도 서북부에 위치하며, 충청도와 접한다. 서쪽 경계에 속리산을 포함한 높은 산들이 솟아 있고, 이들 산지에서 북천과 남천이 흘러나와 낙동강에 합류하면서 함창평야와 상주평야를 형성했다.

포항은 제철의 도시이다.
북서부는 태백산맥의 영향으로 산지를 이루고, 동쪽은 평야를 이루고 있어 농경에 적합하다. 우리나라의 제철 산업을 이끈 포항제철이 위치하고 있다.

구미는 전자 공업 도시이다.
낮은 분지 지형에 자리 잡고 있다. 구미공업단지에는 섬유·전자·반도체 업체들이 입주해 있는데, 이 때문에 구미시의 제조업 취업자 비율이 높은 편이다.

경주는 신라의 수도였다.
과거 신라의 수도였던 까닭에 관련 유적이 매우 많이 발견되는 곳이다. 불국사와 석굴암을 포함해 수많은 국보와 보물을 만나 볼 수 있다.

문경은 험한 고갯길이다.
경상북도 서북부에 있는 도시로, 소백산맥의 중앙부

에 위치해 지형이 험준하다. 시의 동남부는 석회암 지역으로 카르스트 지형이 형성되어 있다. 무연탄, 석회암, 철 등이 많이 매장되어 있어 경상북도 제1의 광업 산지이다.

울진은 해안 관광지로 발전하고 있다.
경상북도 동해안에 있으며, 강원도 삼척과 접한다. 하천은 대부분 태백산맥에서 발원하는 작은 하천들로, 하류부에 좁은 평야를 형성하는데 이곳에 취락과 농경지가 발달했다.

밀양은 학자를 많이 배출했다.
일찍이 문화가 발달해 학자를 많이 배출한 곳이다. 대구와 부산의 중간 지점이어서 다른 지역과의 교역이 활발했고, 근대화 역시 빠르게 진행되었다.

의성은 마늘로 유명하다.
경상북도 중앙부에 위치하며, 경상북도 대부분 지역과 80킬로미터 이내에 있다. 낙동강 수계에 포함되는 작은 하천들이 여럿 흐르지만 유량이 적다. 마늘 재배와 실버산업을 육성해 발전을 꾀하고 있다.

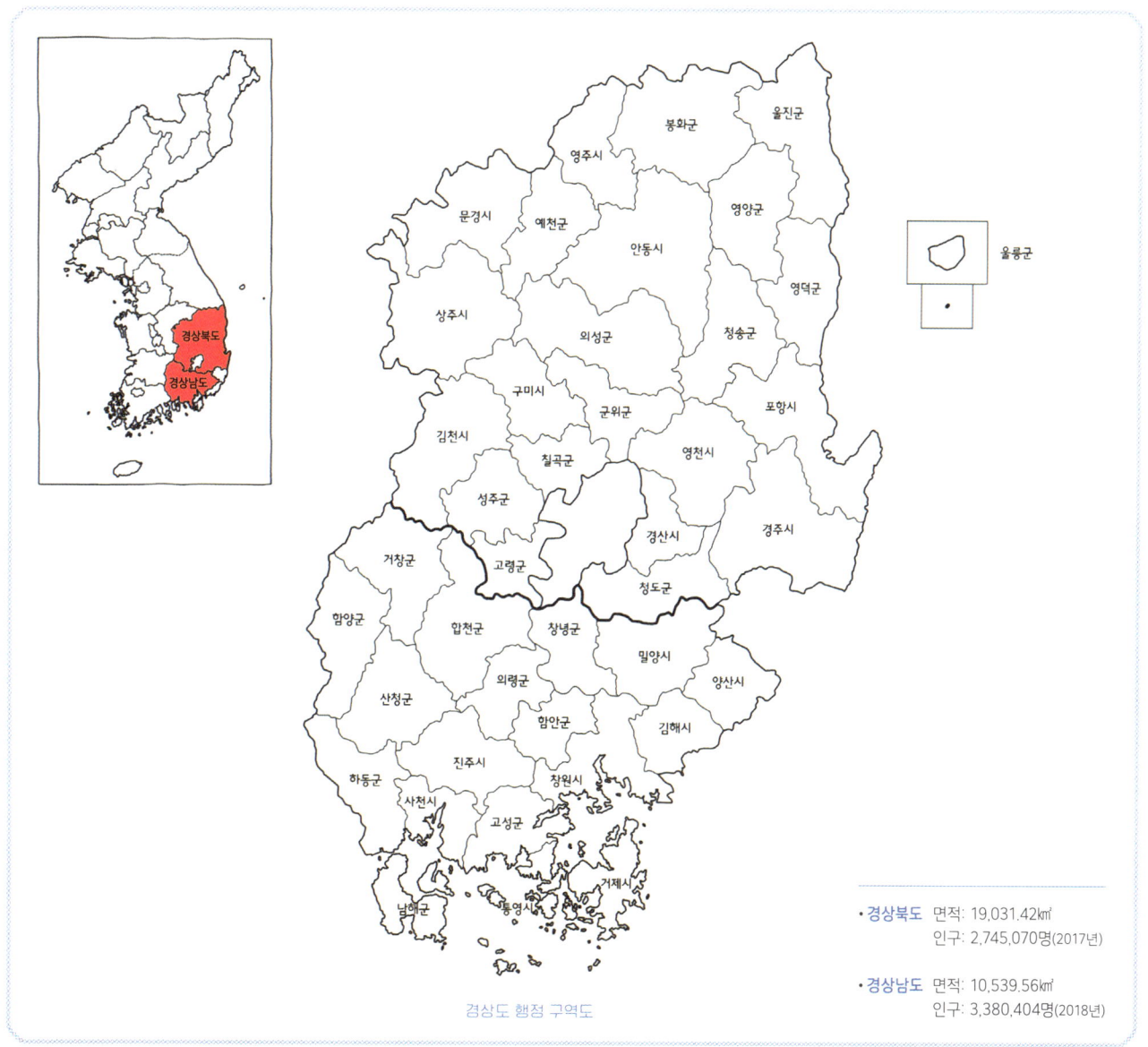

경상도 행정 구역도

- **경상북도** 면적: 19,031.42㎢
  인구: 2,745,070명(2017년)
- **경상남도** 면적: 10,539.56㎢
  인구: 3,380,404명(2018년)

밀양 위양(위량)못은 신라 시대에 만들어진 저수지로, '위량'은 '백성을 위한다'라는 뜻이다. 저수지 주변으로 이팝나무가 특히 아름답다.

성주는 참외의 도시이다.
낙동강을 경계로 동쪽에 대구광역시와 마주한다. 소백산맥의 줄기인 가야산에서 매년 5월 가야산야생화축제를 개최한다. 최근 사드 문제로 주민과 정부 간 마찰이 크다.

함안의 수박은 1800년경부터 임금께 바쳐졌다.
함안의 수박은 200여 년 동안 재배되었으며 당도가 높고, 향이 좋아 궁중 진상 품목이었다. 함안의 시설 수박 재배 면적은 우리나라에서 최고로 크다.

함안의 특산물 수박

창녕은 천연 늪의 도시이다.
신라 비사벌의 중심지였으며, 현재까지도 경상남도와 경상북도를 연결하는 교통 요지이다. 우리나라 대표 자연 늪지인 우포늪이 이곳에 있어 많은 관광객이 찾는다.

양산은 대도시와 연결된다.
김해와 울산광역시 등으로 둘러싸여 있다. 시의 서부에서 남쪽으로 흐르는 강인 양산천은 평야를 발달시키면서 낙동강에 합류한다.

사천에는 항공 산업 단지가 있다.
남해고속도로가 시의 복판을 가로지르는 데다 해안 도로가 가까이 지나고 있어 교통이 편리하다. 사천공항 부근에 항공 산업 단지가 있다.

하동은 화개장터로 유명하다.
중앙부를 흐르는 횡천강에 의해 생긴 충적 평야를 중심으로 농경지가 발달했다. 지리산 남쪽 기슭인 화개

면의 화개장터가 유명하다.

합천에는 해인사가 있다.
낙동강의 지류인 황강이 한복판을 동서로 가로지른다. 이 강을 막아 합천댐을 지으면서 만든 인공 호수 합천호가 위치하고 있기도 하다. 팔만대장경을 보관하고 있는 해인사가 있다.

창원은 광역시만 한 대도시이다.
2010년 7월에 창원, 마산, 진해시가 합쳐져 지금의 창원시가 되었다. 따라서 이미 인구가 100만 명이 넘는 대도시이자 경남의 중심 도시이다.

김해는 부산의 배후 도시이다.
낙동강 건너 부산광역시와 마주하고 있어 부산의 위성 도시 역할을 한다. '가야랜드'라는 이름의 종합 레저 시설이 있으며, 가야문화축제를 개최할 만큼 가야에 대한 관심이 높은 도시이다.

진주는 자연과 역사가 수려하다.
1995년에 진양군과 통합해 진주시가 되었다. 자연적·역사적 관광 자원이 풍부하며, 국립진주박물관, 태정민속박물관 등 박물관이 많다.

통영은 남해안에서 가장 아름답다.
남해안에 위치하고 있으며, 일찍이 해상 교통이 발달했다. 한려해상 국립공원에 속해 있는 통영 앞바다는 아름답기로 이름이 높고, 다양한 어종이 서식해 어업 또한 발달했다. 나전칠기로도 유명하다.

영덕은 맛 좋은 대게로 유명하다.
대게는 쭉쭉 뻗은 다리가 대나무와 비슷하다고 붙은 이름으로 죽해(竹蟹)라고 불리기도 했다. 다른 지역의 대게에 껍질이 얇고 살이 많으며 맛이 담백한 영덕의 대게는 예부터 임금 진상 품목이었다.

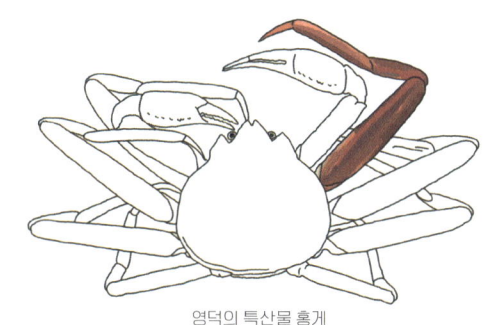

영덕의 특산물 홍게

도산서원은 우리나라 성리학의 기초를 세운 학자 퇴계 이황 선생의 위패를 모신 곳이다.

대구광역시의 행정 구역도와 내부 구조도 색칠하기

대구광역시의 행정 구역도와 내부 구조도를 색칠하며 대구광역시의 특징을 살펴보자.

앞산공원에서 본 도시 풍경. 앞산은 중생대 백악기 화산 폭발로 생긴 산으로, 삼국 시대의 용두토성과 통일 신라 시대의 대덕산성 등 많은 문화 유적들이 있다.

대구는 '달구벌', '달구화', '달불' 등으로 불렸다. 그 뜻은 같은데 시대와 지역마다 부르는 이름만 조금씩 달랐다. 벌이란 '들판', '벌판'을 말하며, 伐(벌), 弗(불) 등은 우리말 '벌'과 소리가 비슷한 한자를 빌려 표기한 것이다. '화' 역시 한자이며, 그 뜻은 '불'을 빌려 적은 것이다.

대구는 팔공산과 비슬산같이 높은 산으로 둘러싸인 분지에 자리를 잡고 있다. 대구 시가지는 신천을 중심으로 양옆으로 펼쳐져 있는데, 신천은 남에서 북으로 흐르고 도시 북쪽에서 금호강과 합류한다.

대구는 조선 시대에는 경상 감영 소재지로서 영남 내륙 지방의 중심지이자 우리나라 3대 시장 중 하나였다. 대구는 본래 사과 재배로 유명했으나 지금은 도시화로 사과 재배는 거의 찾아 볼 수가 없고, 지구 온난화로 기온도 적합하지가 않다. 대구는 1960년대 이후 섬유 산업을 중심으로 빠르게 성장했으며, 오늘날에는 패션 산업을 중심으로 재도약을 꿈꾸고 있다. 대구의 도심은 동성로와 중앙로 지역이다.

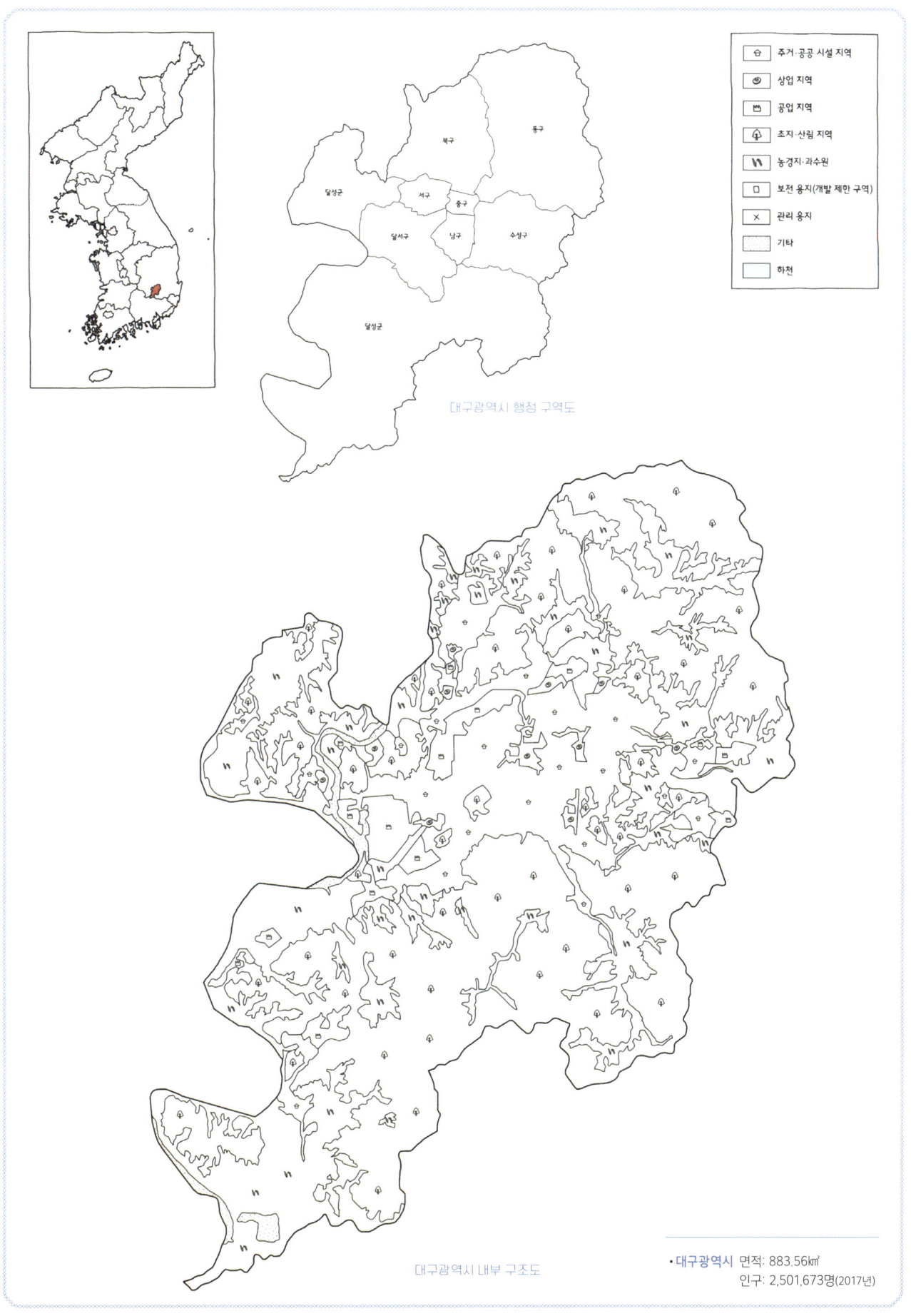

울산광역시의 행정 구역도와 내부 구조도 색칠하기

울산광역시의 행정 구역도와 내부 구조도를 색칠하며 울산광역시의 특징을 살펴보자.

울산 미포국가산업단지의 울산조선소 야경. 울산조선소는 세계 최대의 조선소로 해양 수송 기계·건설 기계·산업 기계 등을 생산한다.

울산이라는 이름은 600년 전 '울주'를 '울산군'으로 바꾸면서 처음 등장했다. '울'은 옛말에서 울타리 또는 성(城)을 뜻한다. 울산의 면적은 1000여 제곱킬로미터로 우리나라 광역시 중에서 가장 넓다.

울산은 겨울에도 비교적 온난한 기후를 유지하는 천연의 항구 도시이다. 울산만에는 울산항·온산항·방어진항이 연이어 있으며, 일찍부터 동아시아로 뻗어 나가는 한반도의 관문 역할을 해 왔다. 현재에도 세계 각 나라들과 교류하고 있으며, 재정 자립도가 높은 한국 7대 도시의 하나이다. 시내는 신·구시가지와 배후 도시로 구분되어 있다. 울산은 태백산맥이 남북으로 지나고 있어 가지산(1241미터), 운문산(1188미터) 등 높고 아름다운 산이 많다. 따라서 아름다운 자연 경관을 보기 위해 많은 관광객이 모인다. 울산에는 시내를 흐르는 태화강과 회야강 등이 있으며, 전체 인구 중 절반이 태화강 주변에 살고 있다. 태화강은 과거에는 심각한 수질 오염으로 유명했으나 지금은 시민들의 노력으로 맑은 하천으로 탈바꿈했다.

울산은 공업과 서비스업이 발달한 도시인데, 특히 대기업의 비중이 높아 시민들의 평균 소득이 다른 도시에 비해 높은 편이다. 또한 자동차, 정유, 조선 등 우리나라의 국가 기간산업이 집중되어 있다.

• 울산광역시 면적: 1,060.79㎢
  인구: 1,160,657명(2018년)

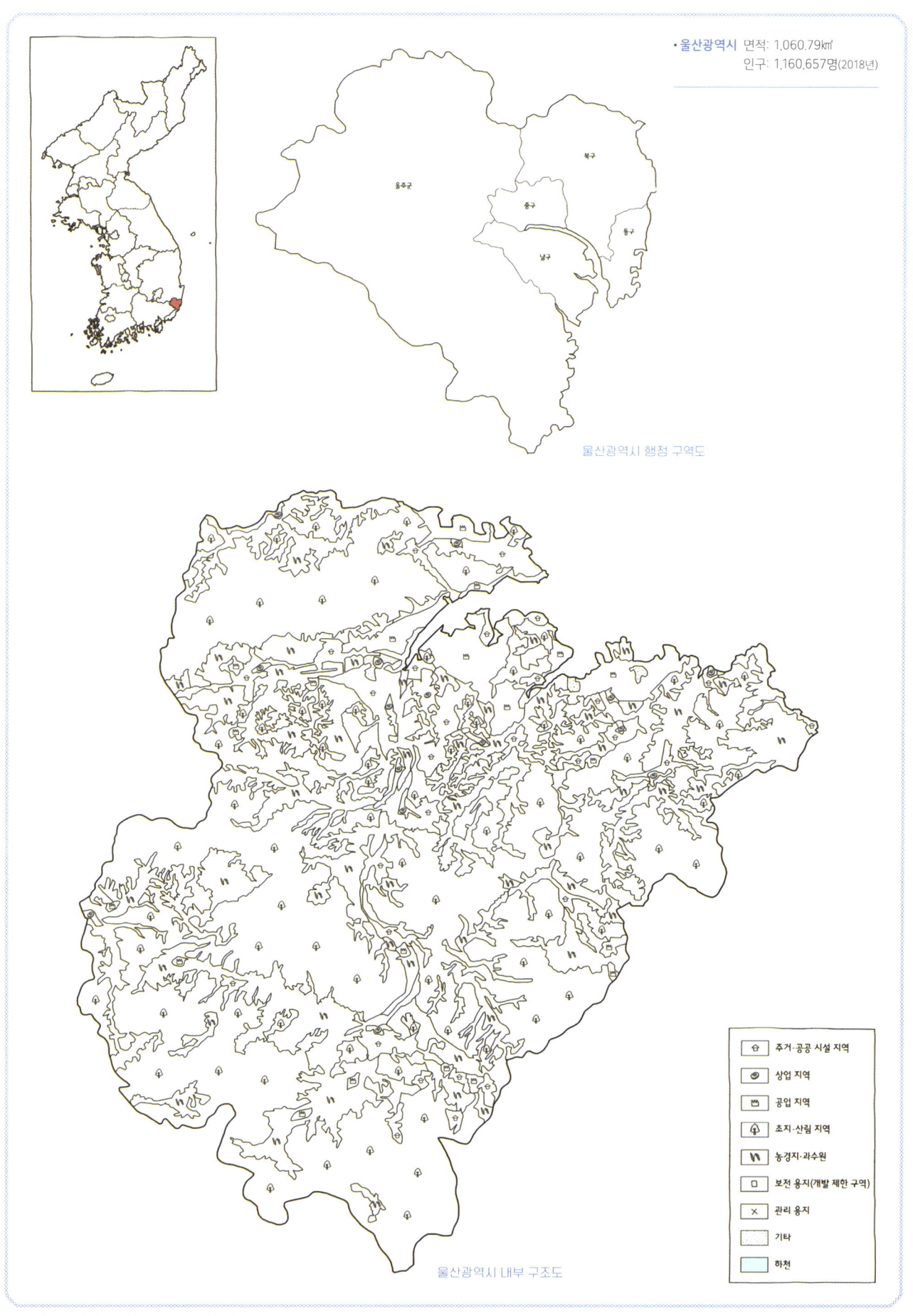

울산광역시 행정 구역도

울산광역시 내부 구조도

범례	
주거·공공 시설 지역	
상업 지역	
공업 지역	
초지·산림 지역	
농경지·과수원	
보전 용지(개발 제한 구역)	
관리 용지	
기타	
하천	

*지도의 방향은 인덱스 지도를 참조하세요.

부산광역시의 행정 구역도와 내부 구조도 색칠하기

부산광역시의 행정 구역도와 내부 구조도를 색칠하며 부산광역시의 특징을 살펴보자.

해운대 해변은 누리마루 APEC 하우스, 부산 아쿠아리움, 온천, 요트 경기장 등 다양한 관광 자원이 있으며, 각종 국내외 문화·예술 축제가 많이 벌어지면서 세계적인 관광지로 거듭나고 있다.

부산은 우리나라 제2의 도시이다. 일제 강점기부터 개항이 된 후 도시로 빠르게 발전한 부산은 우리나라 제1의 무역항이자 국제도시이기도 하다. 부산이란 지명은 도시 내에 산이 많다는 뜻이다. 따라서 해안 도시이지만 산을 경계로 사람들의 생활권이 나뉜다. 부산을 좀 더 자세히 보면, 동쪽 지역은 산이 펼쳐져 있고, 서쪽 지역은 평야가 많다. 반면 해안은 서해안처럼 들쭉날쭉 복잡한 리아스식 해안이며, 해안 평야는 좁은 편이다. 이 지역을 대표하는 김해평야는 낙동강이 강과 바다가 만나는 곳에 토사를 퇴적하여 만든 삼각주이다.

해운대와 서면과 남포동을 잇는 곳이 도심을 이루며, 동래, 사상, 구포, 하단 등이 부도심이다.

부산은 우리나라 남동 지역의 관문이며, 대한 해협을 끼고 일본과 마주하고 있다. 부산의 면적은 약 765제곱킬로미터로 서울보다 조금 큰 편이며, 해안을 따라 길게 늘어선 모양을 하고 있다.

부산은 6·25 전쟁 때는 전쟁 물자가 들어오는 항구였으며, 이때는 우리나라의 임시 수도이기도 했다. 부산은 우리나라 제2의 공업 지역인 남동임해공업지대의 중심 도시이다. 부산은 한국 종단 철도가 개통될 경우, 철도를 통해 중국, 러시아를 거쳐 유럽에까지 물류가 이동할 수 있는 세계적인 항구 도시로 성장할 것으로 기대되고 있다.

• **부산광역시** 면적: 769.89㎢
　　　　　　　인구: 3,470,653명(2018년)

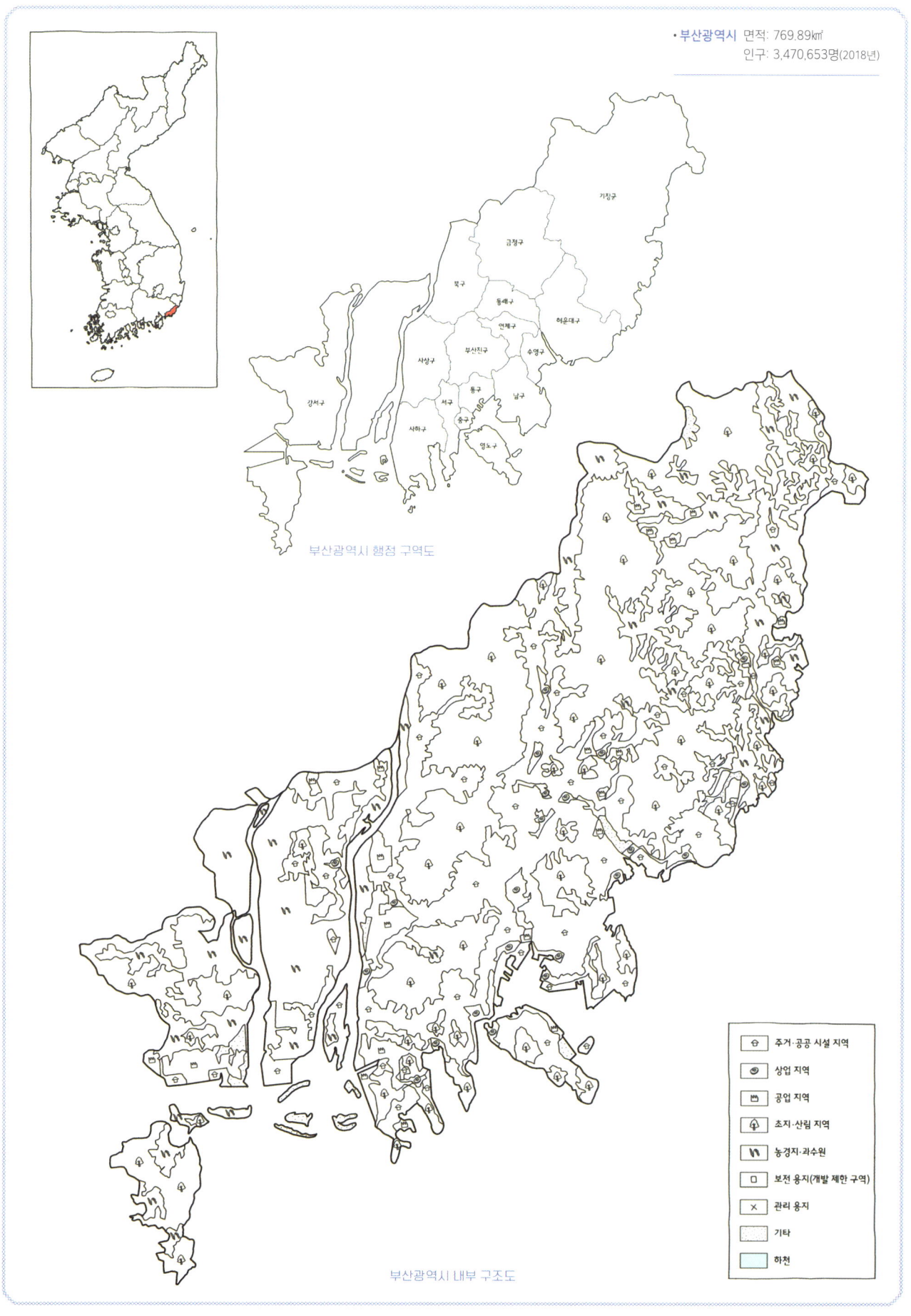

전라북도의 특징적인 지형을 살펴보자

전라북도는 동쪽은 산지, 서쪽은 우리나라 최대 평야인 호남평야를 끼고 있다.

마이산은 '말의 귀' 모양을 닮은 두 암봉이 나란히 솟아 있으며 사계절 경관이 아름다워 등산객들에게 인기가 좋다.

모악산은 김일성 조상 묘가 있다고 추정되는 산이다.
김제와 완주의 경계에 있으며, 산 정상에 어린아이를 안고 있는 듯한 형태의 어미 바위가 있어 '모악산'이라는 이름이 붙었다. 백제 때 만들어진 금산사를 비롯해 귀신사, 대원사 등 불교 사찰이 많다. 김일성 조상 묘가 있다고 추정되는데, 김정은 국방 위원장도 와 보고 싶다는 산이다.

노령산맥은 전라북도와 전라남도의 경계이다.
소백산맥의 추풍령 부근에서 남서 방향으로 뻗은 산맥이다. 전라도를 둘러 나누며, 노령산맥과 소백산맥에 있는 고원에서 금강과 섬진강이 시작된다.

고군산 군도에는 섬이 엄청나게 많다.
군산 앞바다에 있는 섬 무리로, 무녀도, 선유도, 신시도 등 총 63개 섬이 있다. 조선 수군의 진영이 있어 '군산진'이라고 불렸고, 조선 세종 때 진영을 인근 육지로 옮기면서 지명까지 가져갔다. 이후에 앞에 옛 고(古) 자를 붙여 지금처럼 부른다.

변산반도는 관광의 천국이다.
부안에 속하며, 동부는 곡창 지대인 호남평야, 서부는 노령산맥의 말단인 산지이다. 해안의 채석강, 적벽강을 비롯해 내소사와 직소폭포 등 유명한 관광지가 많다. 이곳에서 자라는 곧고 큰 소나무인 변재, 야생 난초인 변란, 자연산 꿀인 변청을 '삼변'이라고 부른다.

덕유산은 덕이 많고 너그러워 보이는 산세이다.
전라도와 경상도에 걸쳐 있는 산(1614미터)이다. 덕이 많고 너그럽다 하여 덕유산이다. 낙동강과 금강의 분수령이고, 무주와 무풍 사이를 흐르는 무주구천동이 유명하다.

용담호는 전주와 익산의 젖줄이다.
진안의 금강 상류 지역에 댐을 쌓으며 생긴 호수이다. 전주, 익산 등 서해안 지역의 300여만 명 주민과 공장에 생활용수, 농업용수, 공업용수를 공급한다.

내장산은 최고의 단풍을 자랑한다.
정읍과 순창의 경계에 있는 산(763미터)으로, 다른 이름은 영은산이다. 정상부의 굴거리나무 군락은 천연기념물이다. 단풍이 아름답기로 유명하며, 백제 때 세운 내장사와 임진왜란 때 승병들이 쌓은 내장산성이 있다.

호남평야는 국내 최대의 평야이다.
국내 최대의 평야로, '전주평야', '전북평야'라고도 불린다. 전주, 익산, 정읍 등을 포함한 8개 시·군에 걸쳐 있어 전라북도의 서쪽 절반을 차지한다. 벼농사가 주를 이루며, 감자나 생강 등의 밭농사, 복숭아나 배와 같은 과수 농사도 한다.

새만금간척지는 인간의 승리이다.
만경강, 동진강 하구의 갯벌을 간척해 조성된 땅이다. 1991년에 개발 사업을 시작해 2010년에 완공했다. 약 33킬로미터의 방조제를 쌓아 생긴 땅은 전주 면적의 2배, 여의도의 약 140배에 이른다.

마이산은 말 귀를 닮았다.
진안에 있으며, 2개의 봉우리로 이루어져 있다. '동봉'과 '서봉'으로 불리는데 생긴 모습이 말의 귀와 같다고 하여 마이산이다. 계절에 따라 봄에는 돛대봉, 여름에는 용각봉, 가을에는 마이봉, 겨울에는 문필봉이라고 부르기도 한다.

만경강은 호남평야를 기름지게 한다.
김제, 익산, 전주를 흐르는 강이다. 완주 원정산에서 발원하며 호남평야의 중앙부를 거쳐 서해로 들어간다. 옛날부터 관개와 운송에 사용되어 왔으며, 신환포, 목천포 등의 선착장이 있다.

새만금방조제는 전라북도 군산시와 김제시, 부안군을 잇는 세계에서 가장 긴 방조제이다.

전라북도의 지형 색칠하기

전라북도의 지형을 색칠하며 전라북도 지형의 높낮이와 형태를 알아보자.

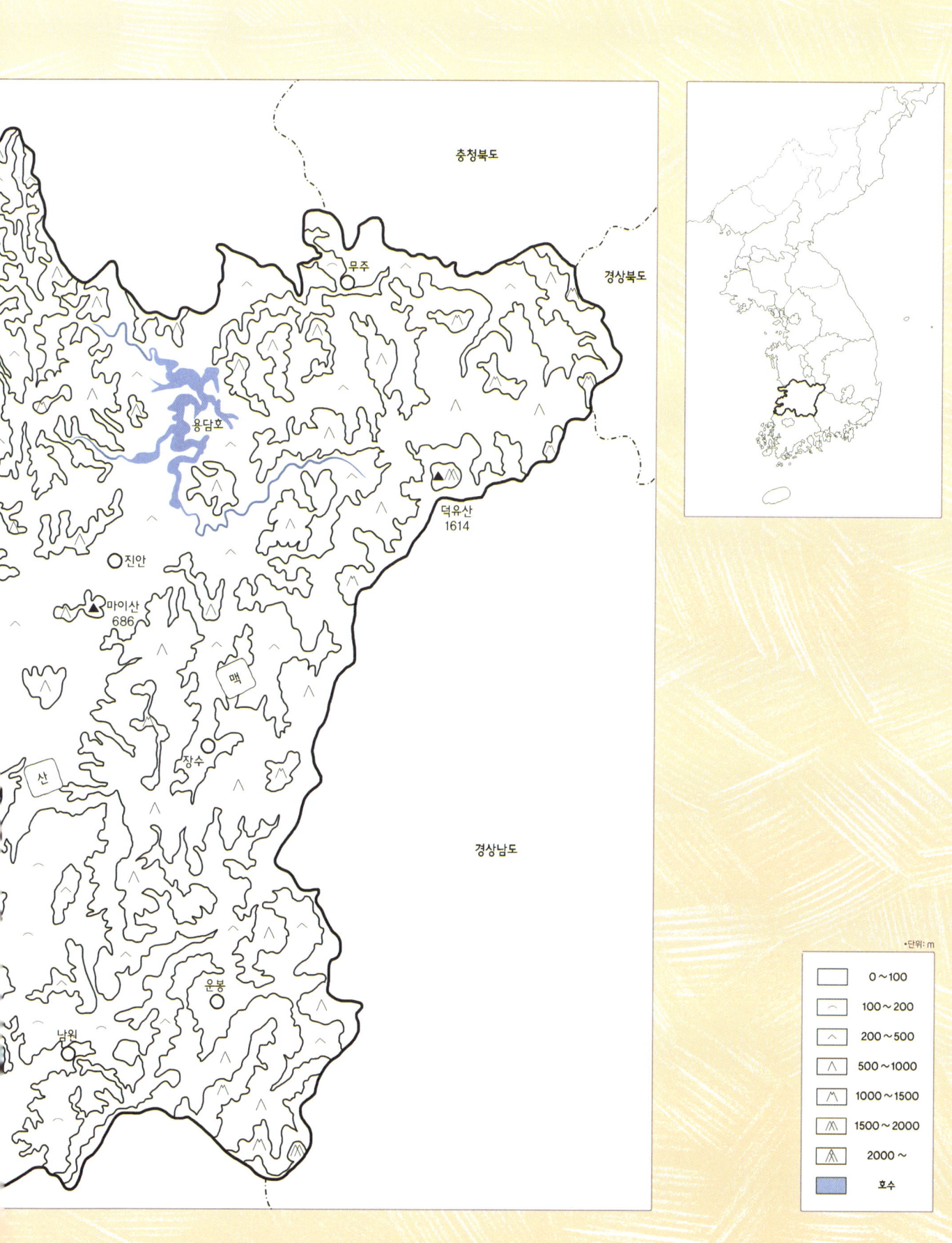

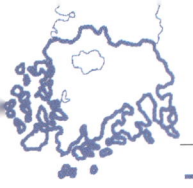

전라남도의 특징적인 지형을 살펴보자

전라남도는 우리나라에서 섬이 가장 많고, 평야가 발달해 있다.

순천만에는 넓은 갯벌이 형성되어 있고, 커다란 갈대밭이 있어 220여 종류에 이르는 세계적인 희귀 조류들이 겨울을 나거나 서식한다.

무등산은 중생대 화산이다.
광주와 화순, 담양의 경계에 있는 산(1187미터)이다. 백제 때는 '무진악', 고려 때는 '서석산'이라고 불렸으며, 증심사, 원효사 등 사찰이 있다. 정상부에는 원기둥 모양의 주상 절리(중생대 화산의 흔적)가 발달했다.

다도해 해상국립공원은 우리나라 최대 규모이다.
여수 앞바다에서 흑산도, 홍도, 거문도 등 1700여 개의 섬과 기암괴석을 포함한다. 1981년에 국립공원이 되었으며, 한국 최대의 국립공원이다. 흑산·홍도 지구, 신안 해안 지구, 만재도 지구, 진도 해상 지구, 완도 해상 지구, 고흥 해안 지구, 거문·백도 지구, 돌산·여천 지구, 팔영산 지구 등 총 9개 지구로 이루어져 있다.

나주평야는 전라남도를 대표하는 평야이다.
나주를 중심으로 펼쳐진 평야로, 나주 일대의 나주평야와 광주 송정동 일대의 서석평야, 학교 일대의 학교평야로 나누기도 한다. 쌀과 보리 중심의 농업 이외에 원예 농업도 활발하다.

땅끝마을은 한반도 육지의 끝이다.
해남에 위치한 마을로, 한반도 육지 최남단에 자리해 붙은 지명이다. 한자로는 '토말(土末)'이라고 한다. 사자봉 정상 전망대에 토말비가 세워져 있다. 주민들은 농업과 어업을 병행한다.

영암호는 겨울 철새의 낙원이다.
1996년 영암 금호방조제가 완공되면서 생긴 호수이

다. 먹이가 풍부한 갯벌과 따뜻한 수온 때문에 겨울 철새들이 머문다. 100종 이상의 겨울 철새가 해마다 다녀가는 곳이다.

월출산은 달이 뜨면 더 아름답다.
영암에 위치한 산(809미터)으로, 무등산 줄기에 속하며 산체가 크고 수려하다. 삼국 시대에는 '월라산', 고려 시대에는 '월생산'이라고 불렀다. '달이 나오는 산'이라는 뜻이다.

울돌목은 명량 대첩이 벌어진 곳이다.
진도와 해남반도 사이의 좁은 물길이다. 밀물·썰물 때에 바닷물이 좁은 통로를 지나며 빠른 조류가 형성된다. 이러한 지형적 특징을 이용해 임진왜란 때 이순신 장군이 왜적을 크게 물리친 곳이기도 하다. 2008년에 조류 발전소가 시험적으로 세워지기도 했다. 공식 명칭은 명량 해협이다.

장성호는 황룡강에서 시작되었다.
1976년 장성댐이 완공되면서 생긴 인공 호수이다. 황룡강을 막은 물로 광주, 나주, 장성, 함평에 생활용수 및 공업용수를 공급한다. 잉어, 붕어 등 각종 민물고기의 낚시터로 유명하다.

순천만은 람사르 협약에 등록되었다.
순천에 속하는 넓은 갯벌로, 동천과 이사천의 합류 지점부터 갯벌까지 5.4제곱킬로미터에 이르는 갈대밭이 유명하다. 흑두루미, 먹황새, 노랑부리저어새 등 220여 종의 보호 조류가 발견되는 곳이다. 2006년에는 우리나라 연안 습지 중 최초로 람사르 협약에 등록되었다.

고흥반도는 수산업 기지이다.
북쪽 벌교에서 남쪽 도화까지 남북의 길이가 95킬로미터 정도 된다. 해상 교통이 편리해 수산업의 중심지 역할을 해내고 있다. 옛날부터 김, 굴, 바지락 등의 양식업이 발달했다.

끝없이 이어지는 월출산의 전경. 깎아지른 듯한 기암절벽들이 절경을 이룬다. 뾰족한 봉우리와 폭포, 유적이 많으며, 곳곳에 전설이 많다.

전라남도의 지형 색칠하기

전라남도의 지형을 색칠하며 전라북도 지형의 높낮이와 형태를 알아보자.

전라북도
경상남도
노고단
1507
곡성
구례
광양(읍)
순천
광양
여수
순천만
돌산
고흥
고흥반도
도양
다도해해상국립공원
다도해해상국립공원
남 해
손죽도
초도

•단위: m
0 ~ 100
100 ~ 200
200 ~ 500
500 ~ 1000
1000 ~ 1500
1500 ~ 2000
2000 ~
호수

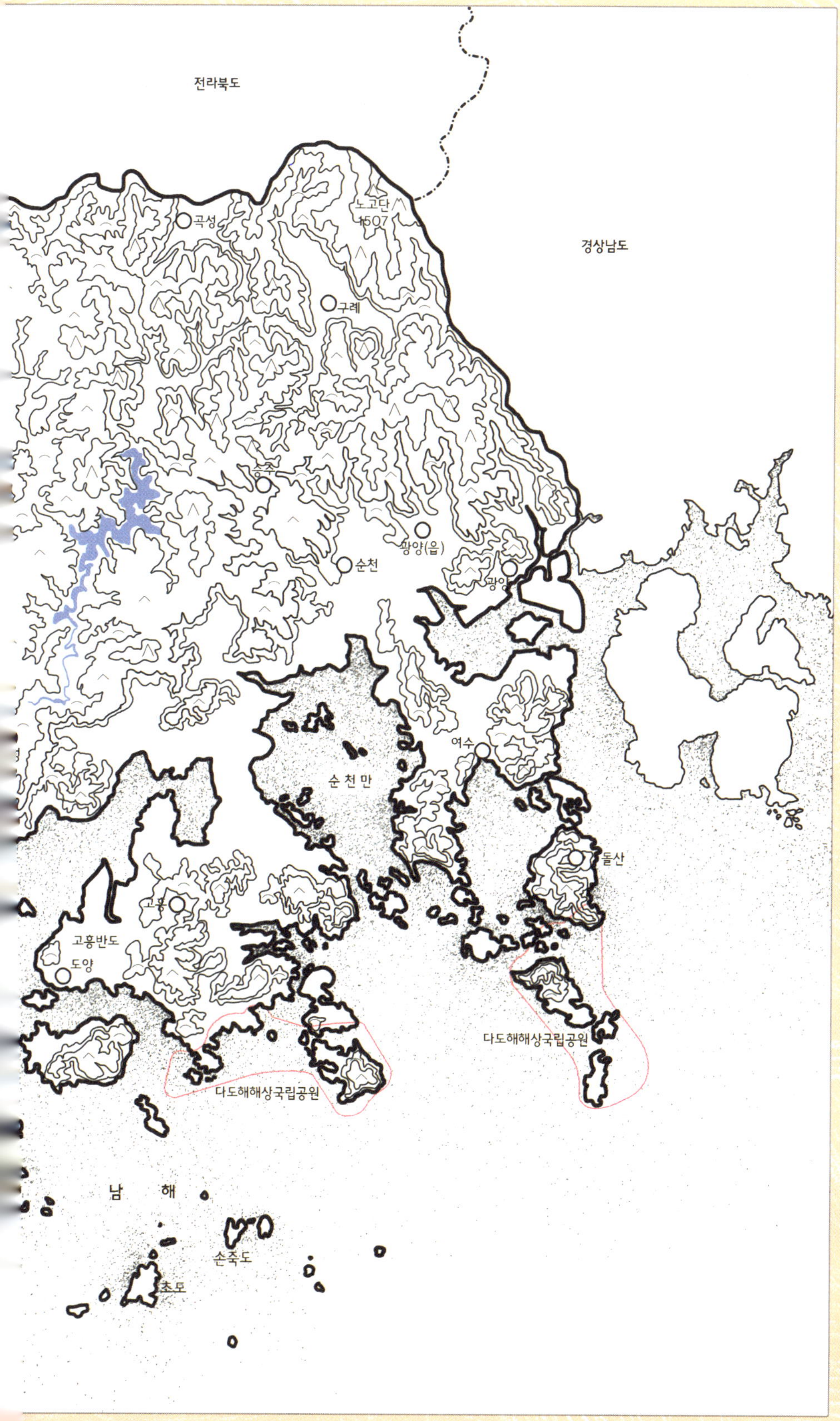

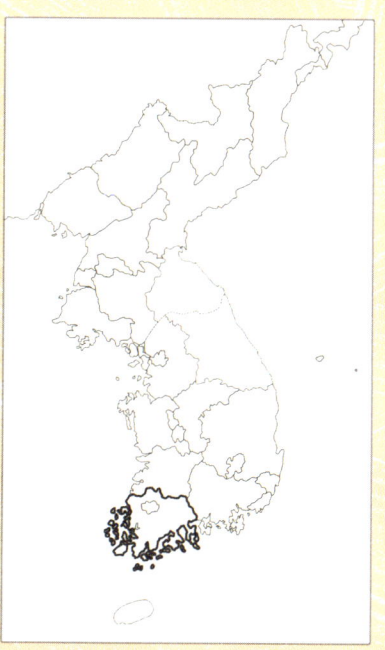

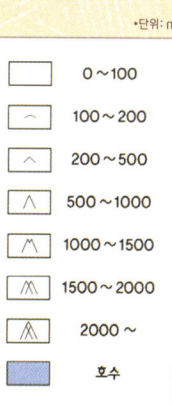

전라도에는 어떤 도시가 있을까?

전라도는 우리나라의 곡창 지대이자 전통문화와 청정한 자연을 이용한 새로운 관광 지역으로 떠오르고 있다. 전라도의 도시에 대해 알아보자.

여수 돌산대교는 여수시와 돌산도를 잇는 다리로, 1980년 착공하여 1984년 12월 15일 완공했다. 도로로 육지와 연결되면서 돌산 지역의 농산물 유통이 더욱 활발해졌다.

전라도의 '전'은 전주에서 왔다.
전주는 전라북도의 행정·교육·문화 중심지이다. 전주한옥마을, 영화의 거리를 비롯해 관광지가 많아 국내 및 해외 관광객이 많이 찾는 도시이다.

전주의 대표 음식 전주비빔밥

전라도의 '라'는 나주에서 왔다.
나주는 나주평야의 중심에 위치한 도시로, 과수 농업과 원예 농업이 활발하다. 특히 나주 배로 유명하다. 녹지 및 산림의 면적이 전체의 70퍼센트를 차지하고 있다.

정읍은 정읍사로 유명하다.
내장산 국립공원을 포함하고 있다. 호남선 철도와 고속도로, 3개 국도가 연결되어 서해안 지방의 교통 요지이다.

순천은 자연과 교육의 도시이다.
전체 시 면적의 70퍼센트가 산지로, 전라남도에서 산이 가장 많은 도시이다. 동쪽을 꿰뚫어 흐르는 동천은 남쪽으로 흐르며 순천평야를 이루었다.

여수는 해양 엑스포 도시이다.
여수반도에 있으며, 반도를 포함해 연륙도 3개, 유인도 46개, 무인도 268개의 섬으로 이루어져 있다. 해안선이 복잡하고 해저가 얕아 간척 사업이 활발하다. 2012년에 세계 박람회(EXPO)를 개최했다.

광양은 제철의 도시이다.
대부분이 산지이고, 도시 동쪽에 흐르는 섬진강은 전라도와 경상도의 경계를 이룬다. 남부의 금호도는 대부분 간척 사업으로 만들어진 인공 지형이다. 우리나라를 대표하는 광양제철소가 있다.

목포는 항구이다.
전라남도를 대표하는 도시로, 일제 강점기 때 개항한 항구 도시이다. 목포 앞바다 섬들이 천연 제방 역할을 해 주어 목포항의 안정적 운영에 큰 도움이 된다.

영광은 굴비가 유명하다.
안마도, 송이도 등 섬들과 리아스식 해안이 발달했으며, 간척 사업으로 면적이 커지고 있다. 영광굴비가 나오는 법성포는 좋은 어업 근거지이며, 해안에는 원자력 발전소가 있다.

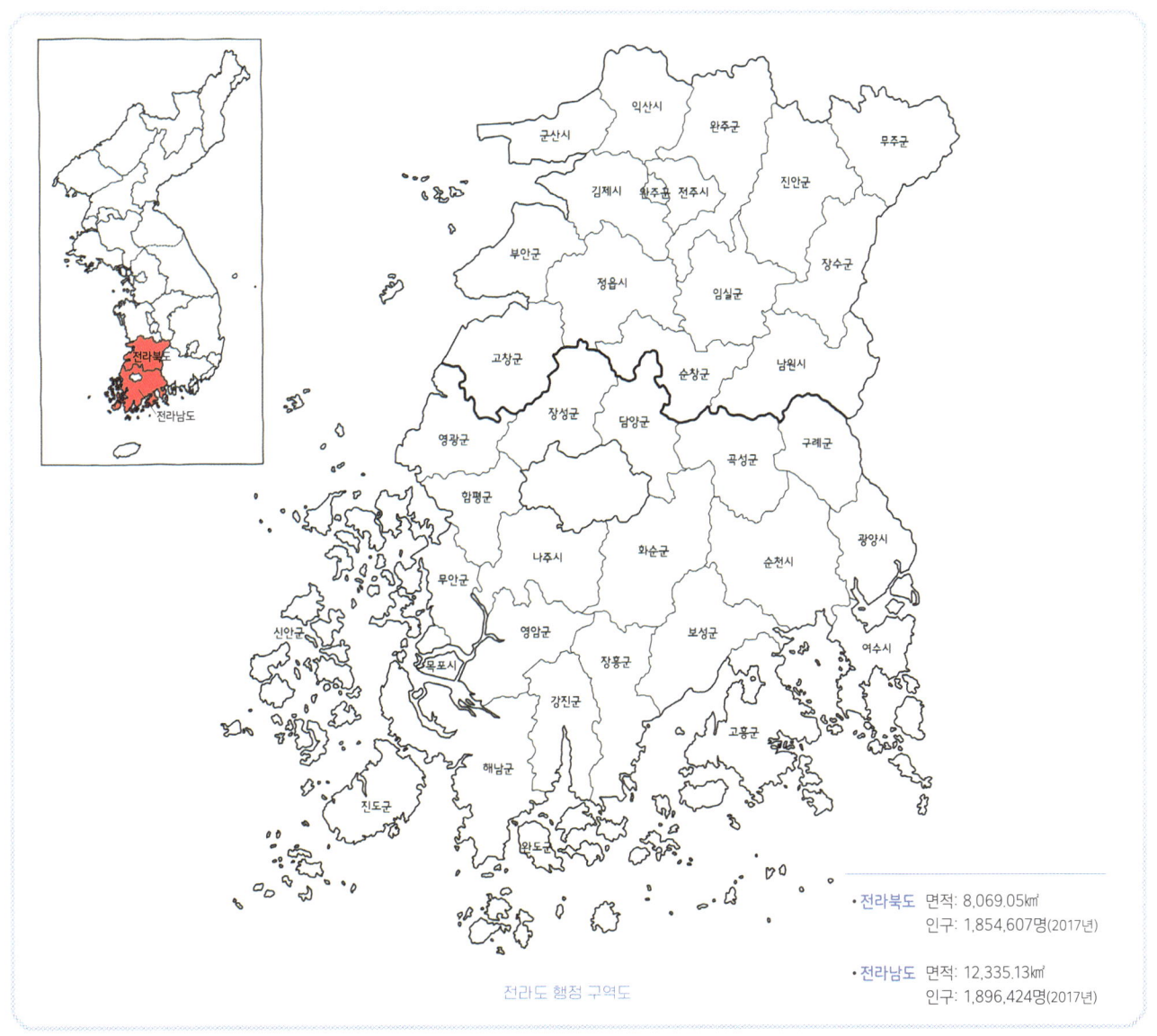

전라도 행정 구역도

- 전라북도 면적: 8,069.05㎢
  인구: 1,854,607명(2017년)
- 전라남도 면적: 12,335.13㎢
  인구: 1,896,424명(2017년)

전주 한옥마을은 1977년 한옥마을 보존 지구로 지정되었다. 전주시 완산구 교동과 풍남동 일대의 700여 채 전통 한옥으로 이루어져 있다.

남원은 춘향의 도시이다.

고도 1000미터 이상의 산지가 많고, 섬진강이 흐른다. 지리산의 3대 봉우리 중 하나인 노고단이 있으며, 이곳에서 발원한 달궁계곡은 남강의 상류가 된다. 고전 소설 《춘향전》의 배경지이기도 하다.

익산은 보석으로 빛난다.

호남선, 전라선, 장항선이 교차하며, 호남고속도로와 1번, 23번 국도가 지나는 교통 요지이다. 보석축제와 보석박물관 등 보석과 관련한 다양한 관광 산업을 발전시키고 있다.

군산은 쌀의 공급지로 성장했다.

금강 하구와 만경강 하구로 둘러싸인 옥구반도와 섬으로 이루어져 있다. 도시 대부분이 충적 평야로, 일제 강점기에 호남평야에서 생산된 쌀의 수탈 경로로 이용되었다.

진안은 관광지로 발전했다.

노령산맥과 소백산맥 사이에 있고, 면적 중 80퍼센트가 산지이다. '무진장(무주, 진안, 장수)'의 하나이며, 산천이 아름답다. 탑사와 배넘실마을 등이 유명한 관광지이다.

강진은 고려청자의 도시이다.

동쪽, 서쪽, 북쪽이 모두 산지이다. 남서쪽에는 강진만이 분포하며, 전체 면적의 30퍼센트 정도 되는 지역에서 쌀과 보리가 많이 생산된다. 일찍이 도자기 제조업이 발달했다.

진도는 보물섬이다.

우리나라에서 세 번째로 큰 섬이다. 명량 해협에는 시속 79킬로미터의 조류가 흐르는데, 이는 아시아에서 가장 빠른 조류로 알려져 있다. 진돗개, 흑미, 홍주가 유명하고, 산세가 독특하다.

무안의 특산물 양파

무안은 전라남도 도청 소재지이다.
무안반도와 도서 지방으로 이루어져 있는데, 400미터 이상의 산지는 없다. 조수 간만의 차가 커서 대규모 항구가 발달하지는 않았다. 전라남도 도청과 무안국제공항이 위치하고 있다.

완도는 김과 미역의 고장이다.
완도는 해상 교통의 중심지이다. 해안에는 김, 미역 등 해산물이 풍부하고, 섬 어디에서나 하얀 모래가 가득한 해변을 만날 수 있다.

고흥은 소록도로 가는 길목이다.
고흥은 군 전역이 구릉성 산지이다. 해창만간척지, 고흥만방조제, 오마도 주변을 간척해 인공적으로 만든 평야가 넓다. 미르마루길, 소록도 등이 유명하다.

화순은 평야가 좁다.
전라남도에 있지만 대부분 지역이 무등산 줄기에 의해 형성되어 있어 화순천 유역의 능주평야를 제외하면 평야가 거의 없다. 고인돌축제로 유명하다.

구례는 산수유와 화엄사가 있다.
군의 북동부가 지리산 지역이라 전체적으로 산악 지대이다. 섬진강이 흐르고, 구례 분지는 전형적인 산간 분지이며, 산수유와 화엄사로 유명하다.

담양은 대나무와 소쇄원의 도시이다.
영산강의 지류인 용천, 담양천 등이 중앙을 흘러 평야를 만들었다. 담양은 대나무, 소쇄원 등이 유명하다. 최근에는 중국에서 값싼 대나무 제품들이 많이 들어와 전통 대나무 수공업이 위축되었다.

장성은 홍길동의 고향이다.
광주광역시와의 거리가 가까워 광주의 영향을 크게 받는다. 고창담양고속도로가 개통되어 그 영향이 더욱 커졌다. 홍길동 마을, 축령산 자연휴양림, 백비 등이 유명하다.

담양은 우리나라에서 대나무가 자라기에 가장 좋은 환경을 갖추고 있는 곳이다. 마을마다 대나무가 있고 대나무가 있으면 꼭 마을이 있다고 해서 예로부터 '대나무 고을'이라는 뜻의 죽향(竹鄕)으로 알려졌다.

광주광역시의 행정 구역도와 내부 구조도 색칠하기

광주광역시의 행정 구역도와 내부 구조도를 색칠하며 광주광역시의 특징을 살펴보자.

광주광역시 5·18 기념문화센터는 1980년 5월 18일을 전후하여 광주 시민들이 민주주의의 실현을 요구하며 일으킨 5·18 광주 민주화 운동을 기념하기 위해 세운 곳이다.

광주 면적은 서울보다 좀 작은 약 501제곱킬로미터이다. 1914년, 철도가 개통되면서 전라도를 대표하는 중심지로 성장하기 시작했다. 공업 발달이 다른 대도시에 비해 늦었으나, 2007년에는 광역시 중 세 번째로 수출 100억 달러 도시를 달성했다. 광주는 동부 지역은 무등산을 중심으로 하는 산지이고, 서부 지역은 평야가 많은 지형을 이룬다.

광주는 전라도 최대의 도시로, 이 지역의 경제·행정·교육·문화의 중심지이다. 광주는 '빛고을'이라고도 불린다. 2년마다 광주 비엔날레가 열리고 있으며, 이를 토대로 아시아 문화 중심 도시 조성 사업이 국가 사업으로 진행되고 있다. 또 비엔날레와 함께 광주의 중요 관광자원으로는 '예향'이라는 유산이 있다. 무등산 자락에서 꽃피운 가사 문학이 '예향'을 상징하고도 남는다. 송강 정철의 〈성산별곡〉으로 유명한 식영정과 면앙정, 환벽당 등이 있다.

한편 광주는 광주 학생 항일 운동과 5·18 광주 민주화 운동 등 우리나라의 자주독립과 민주화에 큰 공을 세운 도시이다. 이를 토대로 민주·인권·평화 도시로서의 정체성 확립에 주력하고 있다.

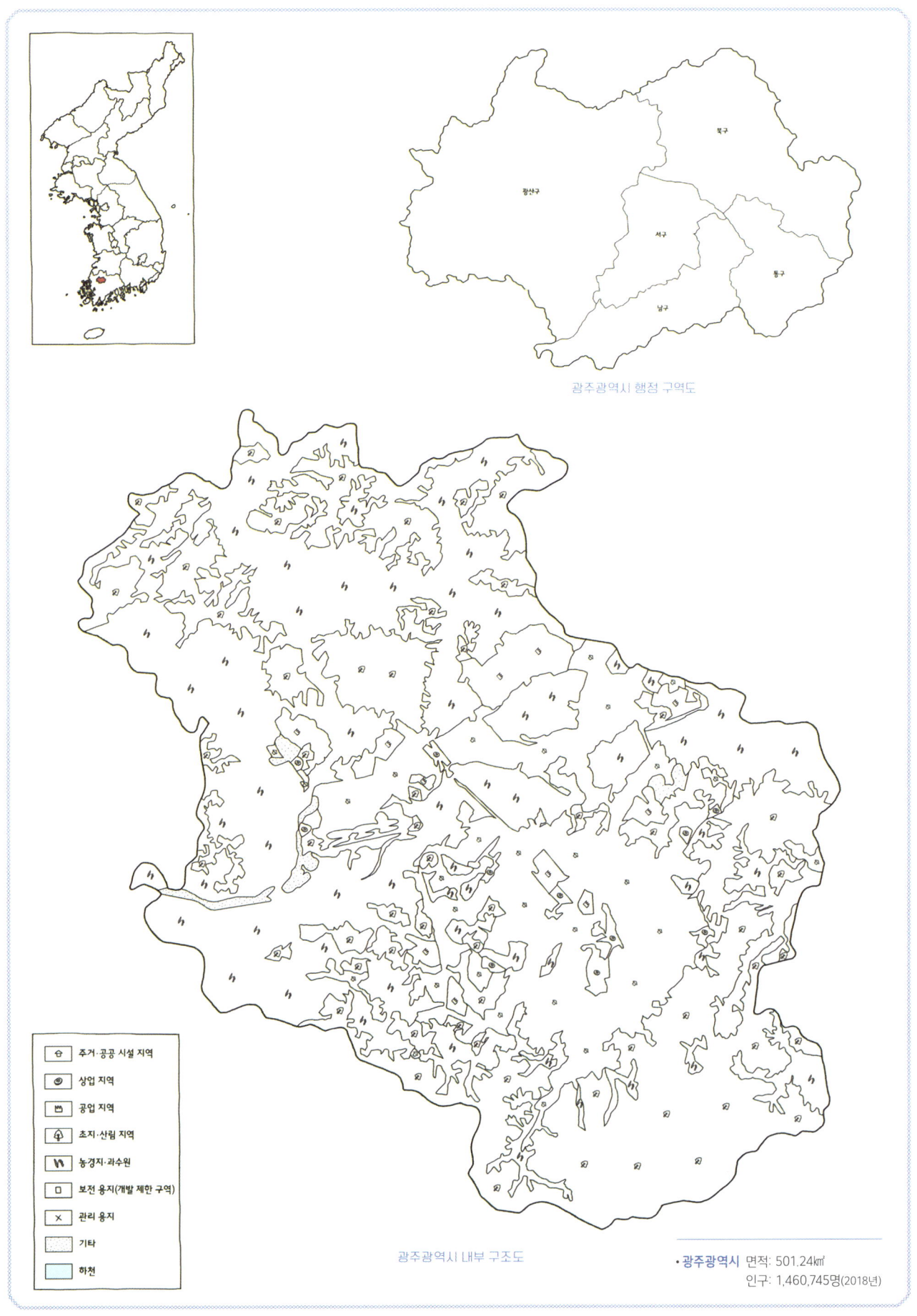

제주특별자치도의 특징적인 지형을 살펴보자

제주특별자치도는 신생대에 화산 활동으로 생겨난 화산섬으로, 중앙에는 종상 형태의 화산체가 있다. 주변은 완만한 순상 화산체를 이룬다.

한라산은 남한에서 가장 높은 산이다.
남한에서 가장 높은 산(1950미터)으로, 신생대 때 화산 분출로 만들어졌으며, 정상에는 화구호인 백록담이 있다. 비교적 완만한 경사의 순상 화산이다. 유네스코에서 보호하는 세계 자연 유산 지역 중 하나이다.

성산 일출봉은 해가 뜨는 광경이 유명하다.
높이는 182미터 정도이지만 그 모습이 성과 같다 하여 '성산'이다. 제주도 동쪽 끝이라 해돋이가 유명하다. 일출봉을 포함한 1킬로미터 해역은 천연기념물이며, 유네스코 세계 자연 유산 지역 중 하나이다.

대포해안 주상 절리는 '신이 만든 곳'이라 불린다.
서귀포에 있는 해식 절벽의 주상 절리대이다. 이곳의 주상 절리는 신들의 궁전에 비유될 만큼 빼어나 천연기념물로 지정해 국가가 관리하고 있다.

천지연폭포는 '하늘의 연못'이라 일컬어진다.
길이 22미터, 너비 12미터이다. 폭포 주변 계곡에는 각종 아열대성·난대성 상록수와 양치식물이 무성하다. 담팔수를 포함해 희귀한 식물들이 자생하는 등 계곡 전체가 천연기념물이다.

우도는 진짜 제주특별자치도이다.
제주도의 부속 도서 중에서 가장 넓다. 숙종 때 국유 목장이 설치되면서 말을 관리하기 위해 사람들의 입주가 시작되었고, 산의 형태가 누워 있는 소의 모습과 닮았다 하여 '우도'라는 이름이 붙었다.

성산 일출봉은 해발 약 180미터로, 약 5000년 전에 바닷속에서 폭발해 만들어진 산이다. 본래는 섬이었는데 사주가 생기면서 육지와 이어졌다.

중문 주상 절리는 해안을 따라 다양한 높낮이와 크기, 형태의 돌기둥 바위들이 깎아지르듯 장식하고 있는 절벽이다. 화산 폭발에 의해 분출된 용암이 바다를 만나 급격하게 식으면서 만들어졌다.

만장굴은 세계적인 용암 동굴이다.

용암 동굴로 김녕굴과 함께 천연기념물로 지정되었다. 총길이는 약 7.4킬로미터이고, 최대 높이는 23미터, 최대 너비는 18미터로, 동굴의 내부 규모가 세계적이다. 주민들 사이에서 '만쟁이굴'로 알려져 있다가 1958년 세상에 공개되었다.

오름은 '기생 화산' 또는 '악'이라고 불린다.

제주도에 있는 약 360개의 기생 화산을 일컫는다. 제주특별자치도 전설에서는 거인 설문대 할망이 제주특별자치도와 육지 사이에 다리를 놓으려고 치마폭에 흙을 담아 나르다가 치마폭 틈새로 떨어진 흙들이 쌓여 오름이 되었다고 한다. 거문오름은 유네스코 세계 자연 유산으로 지정된 지역이기도 하다.

삼양 검은모래해변은 볼수록 신비하다.

검은 현무암이 풍화 및 침식되어 검은색을 띠는 모래 해변이다. 검은 모래로 찜질을 하면 신경통, 관절염 등 다양한 질환에 좋다고 하여 많은 사람이 찾는다. 해변에서는 용천수가 솟기도 한다.

산방굴은 자연 석굴이다.

서귀포시 산방산의 해발 고도 200미터 지점에 있는 자연 석굴이다. 이 안에 불상을 넣어 두어서 '산방굴사'라고도 부른다. 산방굴이 있는 서귀포에는 제주특별자치도에 표류했던 네덜란드인 하멜의 업적과 표류 사실을 기리기 위한 하멜 기념비가 세워져 있다.

외돌개는 '시스택'으로 불리는 돌기둥이다.

기둥처럼 생긴 바위섬으로, 홀로 우뚝 솟아 있어 '외돌개'라는 이름이 붙었다. 섬 주변부가 침식을 받아 사라지고 현재 기둥 형태만 남아 있는 것으로 보인다. 꼭대기에는 소나무 몇 그루가 자생하고 있다. '장군석'과 '할망바위'라고도 불린다.

섭지코지는 드라마 및 영화 촬영지로 인기 있다.

섭지는 '훌륭한 인물이 많이 배출되는 지세'라는 뜻이며, 코지는 '곶'의 제주도 방언이다. 과거 왜적이 침입했을 때 봉화를 피워 올려 마을에 알렸다는 봉수대가 있다.

제주특별자치도의 지형 색칠하기

제주특별자치도의 지형을 색칠하며 제주특별자치도 지형의 높낮이와 형태를 알아보자.

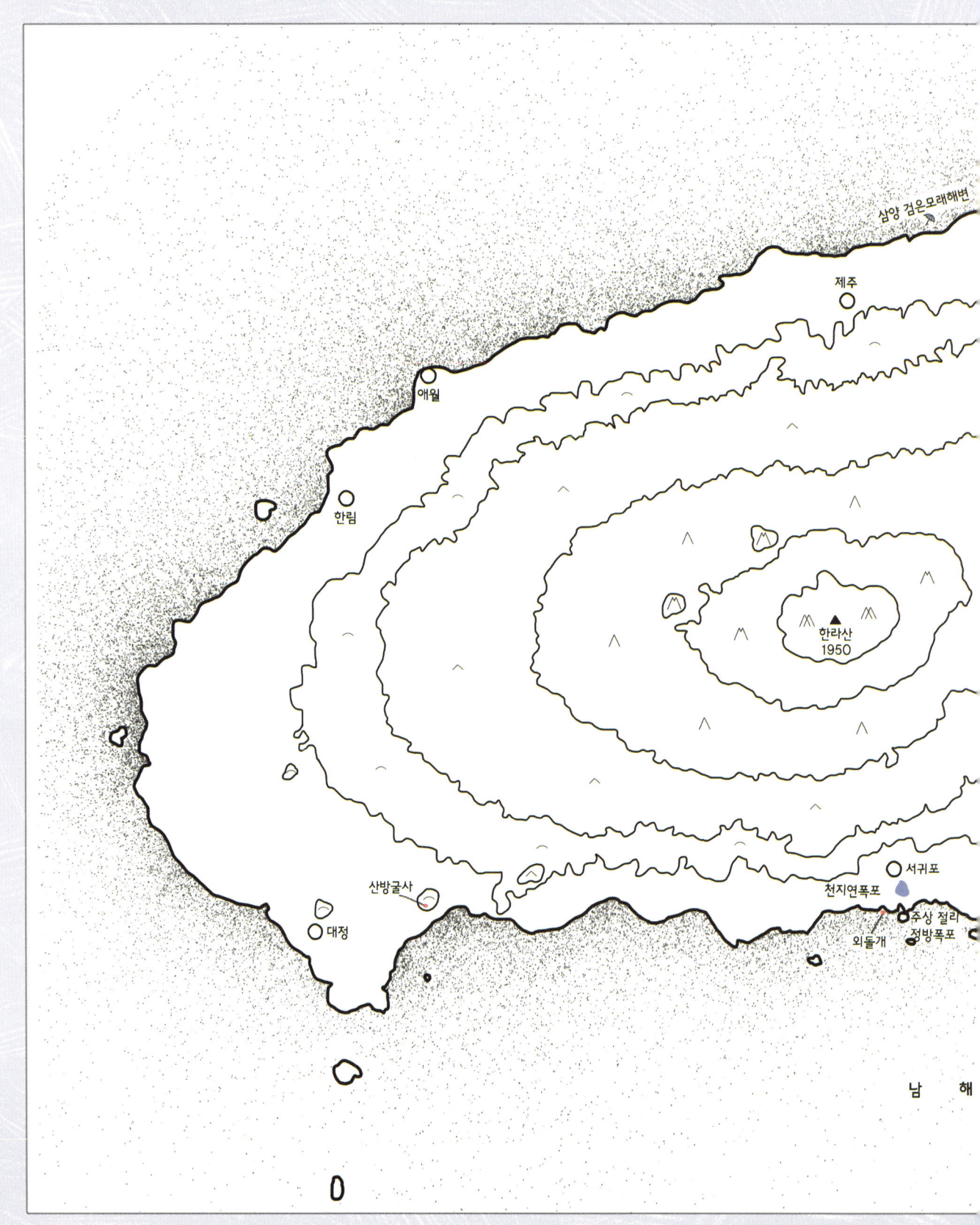

•단위: m

- 0 ~ 100
- 100 ~ 200
- 200 ~ 500
- 500 ~ 1000
- 1000 ~ 1500
- 1500 ~ 2000
- 2000 ~
- 호수

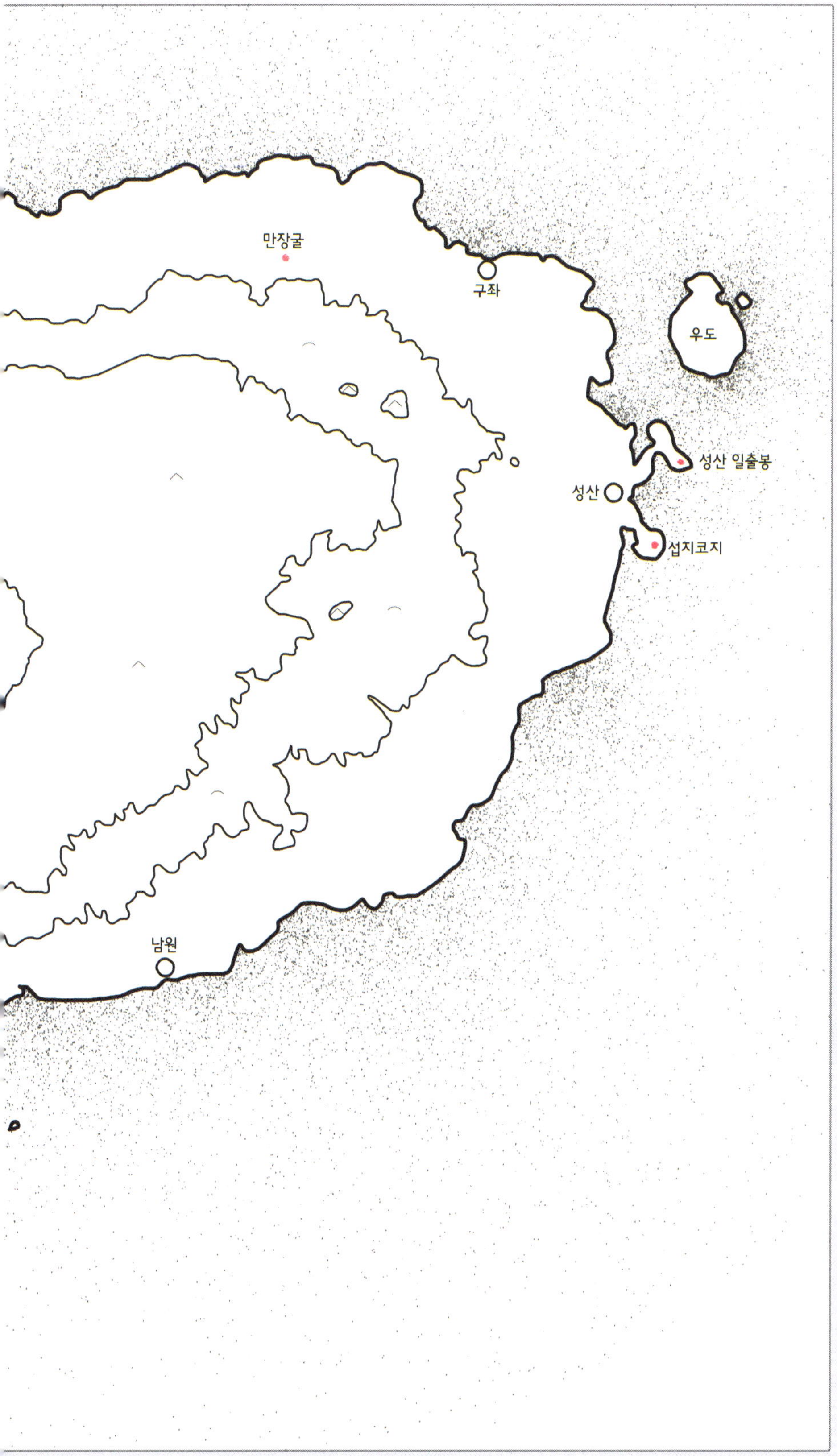

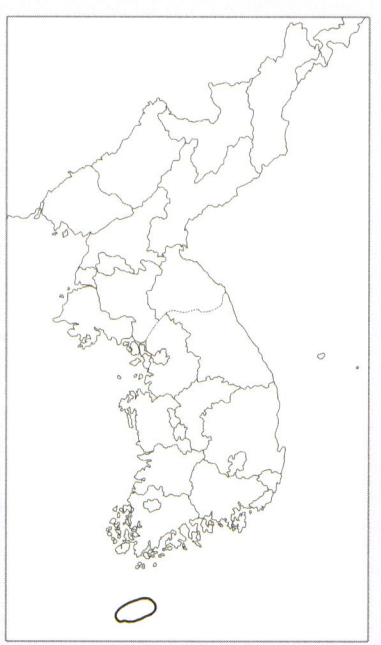

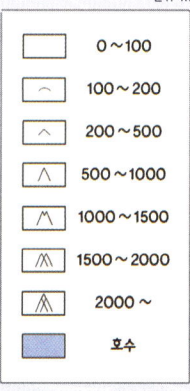

제주특별자치도에는 어떤 도시가 있을까?

제주특별자치도는 특별자치도이자 비자 없이 출입국이 가능한 세계적인 관광지이다.
제주특별자치도의 도시에 대해 알아보자.

우도는 소가 드러누웠거나 머리를 내민 모습 같다고 하여 붙은 이름이다. 파도의 침식과 풍화 작용으로 모든 해안에는 해식애가 발달해 있다. 부서진 산호 가루로 만들어진 해변이 유명하다.

제주시는 제주를 대표한다.
서귀포시와 함께 제주도를 대표하는 도시이다. 인구 약 50만 명이 살고 있으며, 국제공항인 제주공항이 있다. 현무암질 기반암 탓에 논농사보다 밭농사, 그중에서도 감귤농사가 성행하고 있다. 면적은 서귀포시와 함께 우리나라에서 가장 넓다.

서귀포시에는 관광지가 집중되어 있다.
제주도를 대표하는 유명한 관광지가 많고, 중문 단지를 중심으로 호텔이나 리조트가 많다. 북쪽에 북서 계절풍을 막아 주는 한라산이 있어 전국에서 가장 온화한 기후를 나타낸다. 하지만 제주특별자치도는 바람이 강해서 실제 체감 온도는 그렇게 높지 않다.

애월은 제주 시내와 생활권이 같다.
북쪽 저지대에는 평지가 넓게 펼쳐져 있어 다양한 농작물을 재배한다. 감귤 재배가 가장 활발하다. 애월항은 제주항의 보조 항구 역할을 하고 있으며, 제주 시내와 가깝고 교통이 편리하여 하나의 생활권을 이룬다.

구좌에는 목장 지대가 펼쳐져 있다.
넓은 초지 덕분에 목장 지대가 펼쳐진다. 이곳의 초지는 자연 초지가 아니고 산림을 제거하고 조성한 인공 초지이다. 북부와 동부가 바다와 닿아 있음에도 불구하고 어업은 활발하지 않다.

조천에는 오름이 특히 많다.
유네스코에 등재된 거문오름을 포함한 여러 오름이 있고, 중간 지대에 넓은 초원이 발달하여 방목 지대로 이용된다. 해안 저지대에서는 고구마, 유채 등의 밭농사가 이루어진다. 마그마는 분출하지 않고, 뜨거운 가스와 수증기만 폭발한 폭렬 화구(마르)인 산굼부리가 있는 곳이다. '굼부리'는 화산체의 분화구를 이르는 제주 말이다.

표선은 제주의 전통을 간직하고 있다.
방목 지대에는 대규모 목장이 있으며, 성읍리는 민속촌으로 유명하다. 민속촌에는 제주의 전통 생활을 볼 수 있는 가옥, 생활 도구, 어업 도구 등의 전시물이 있다. 제주 유형 문화재인 정의향교 대성전이 있다.

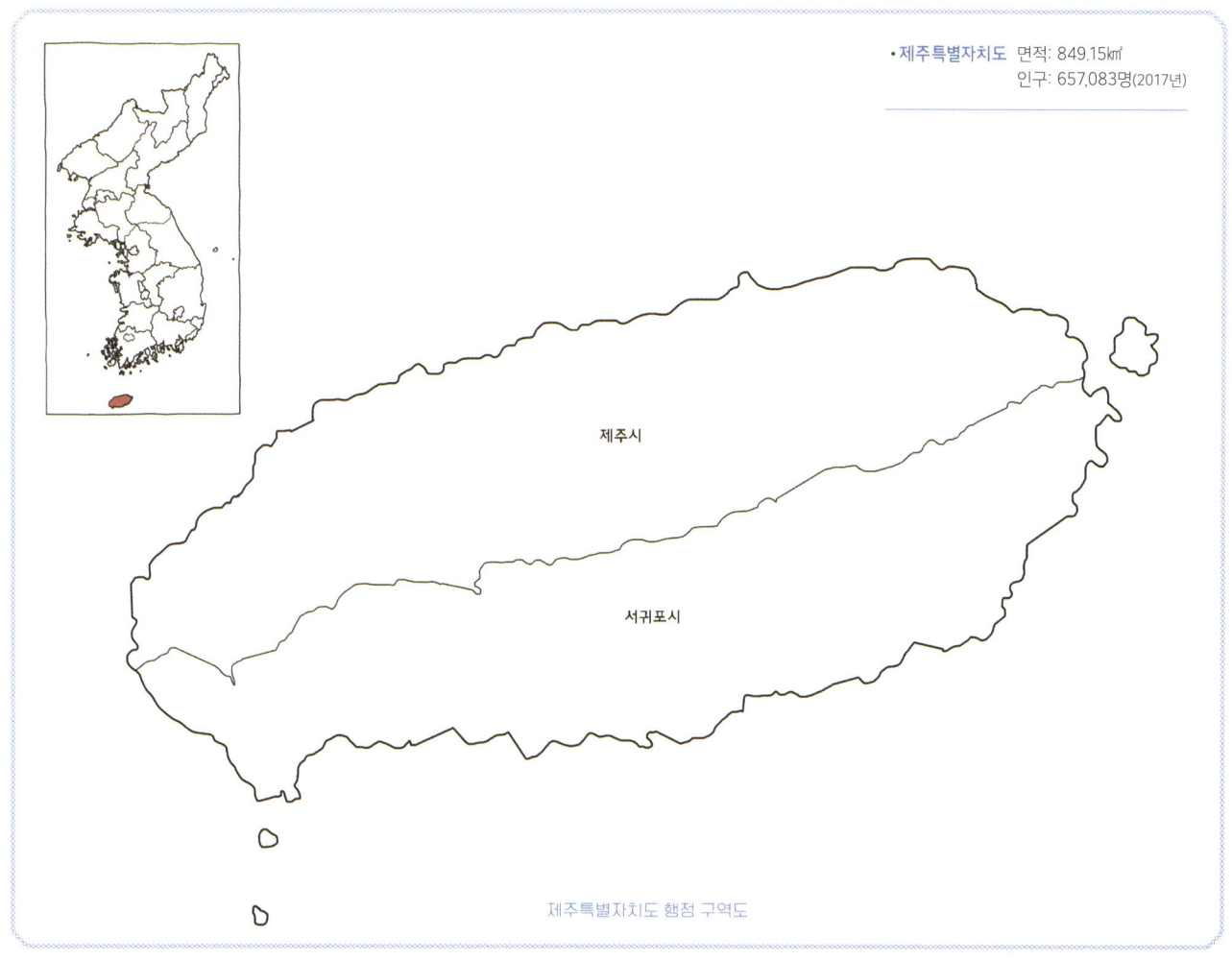

제주특별자치도 면적: 849.15㎢
인구: 657,083명(2017년)

제주특별자치도 행정 구역도

천지연폭포는 기암절벽에서 떨어져 내리는 폭포가 장관을 이룰 뿐 아니라 희귀 동식물이 살고 있어 계곡 전체가 천연기념물로 보호받고 있다.

남원은 중산간 지대의 대표 마을이다.

제주특별자치도 내 다른 지역들에 비해 중산간 지대에 마을이 적은 편이다. 중산간 지대에 마을이 적은 것은 물이 부족하기 때문이다. 최근 감귤의 재배 면적이 증가했다. 감귤 농장과 축산업을 제외하면 다른 산업은 미미하다.

대정은 우리나라 최남단 읍이다.

우리나라 최남단인 가파도와 마라도를 포함하고 있는 읍이다. 다른 지역과는 달리 읍 전체가 해발 고도 200미터 이하의 저지대이다. 모슬포를 중심으로 어업이 발달했으며, 통조림 공장도 있다. 모슬포 항구에는 해군·공군 부대가 있다.

한경은 목장이 발달했다.

중산간 지대의 넓은 초지에 대규모 목장과 기업 목장이 있다. 해안의 차귀도를 포함하며, 해안도로변과 중산간 지대에 골고루 마을이 발달했다. 한경 해안로는 주변이 아름답기로 유명한데, 특히 우리나라 최초 천주교 사제인 김대건(1821~1846년) 신부가 제주특별자치도에 첫발을 디딘 곳이 한경이다. 따라서 이를 기리는 뜻에서 '성 김대건 해안로'라는 명예 도로로 지정하기도 했다.

제주특별자치도의 특산물 한라봉

한림은 용암 동굴 지대로 유명하다.
중산간지대에 목장이 발달해 다양한 축산업이 같이 발달했다. 협재해수욕장과 용암 동굴 지대가 유명하다. 많은 관광객이 모이는 용암굴은 용암이 굳는 과정에서 표면이 굳은 뒤 내부의 용암이 빠져나가서 형성된 것이다.

성산은 일출봉을 품고 있다.
성산 일출봉은 바닷속에서 분출된 화산이다. 이곳에 올라서 보는 일출이 아름다워 일출봉이라는 이름이 붙었으며, 여기서 내려다보면 섬과 육지를 잇는 육계사주가 뚜렷하게 보인다. 성산은 대부분 해발 고도 200미터 이하의 저지대이며, 농경지 대부분은 밭이다. 성산포항을 중심으로 어업과 수산 가공업이 발달했다. 성산포항에서는 우도로 가는 배가 왕래한다.

가파도는 마라도로 가는 길에 있다.
마라도로 가려면 가파도를 거쳐야 한다. 어업을 주로 하며 조선 시대 때부터 사람들이 살기 시작한 섬이다. 감귤과 한라봉이 특산물이다.

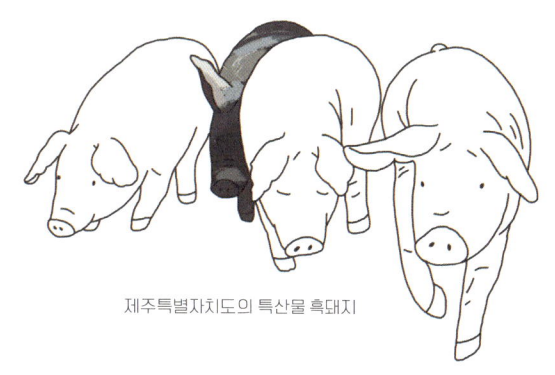

제주특별자치도의 특산물 흑돼지

약천사는 1996년에 지어진 절로, 지상 30미터(일반 건물 10층 수준) 높이의 동양 최대 크기의 법당으로 유명하다. 조선 초기 건축 양식으로 지어졌으며, 멋진 제주특별자치도 해안의 품치를 감상할 수 있다.

지형도 색칠하기 예제

색칠된 지형도 예제를 참고해 각자의 개성을 살려 마음껏 칠해 보세요.

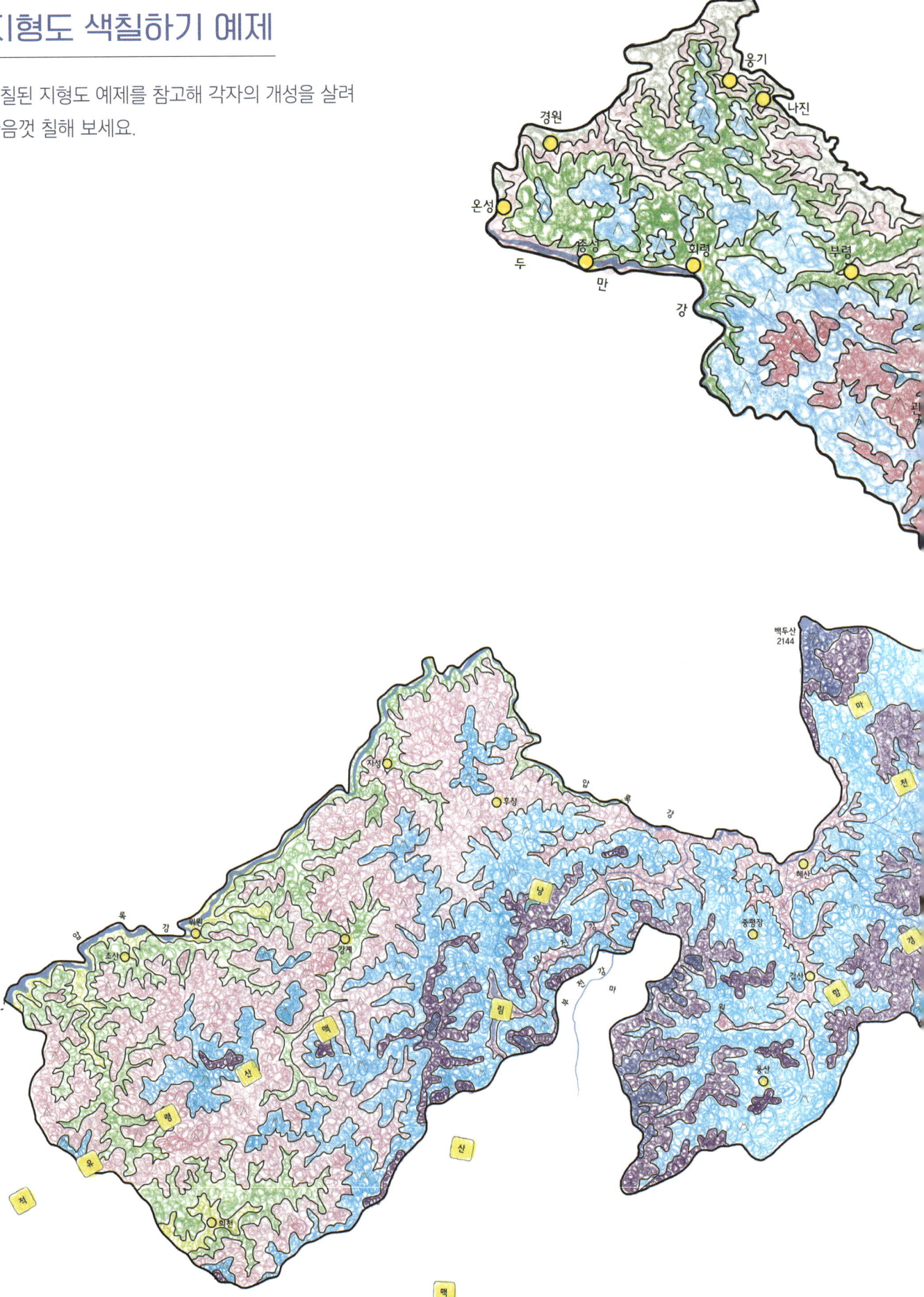

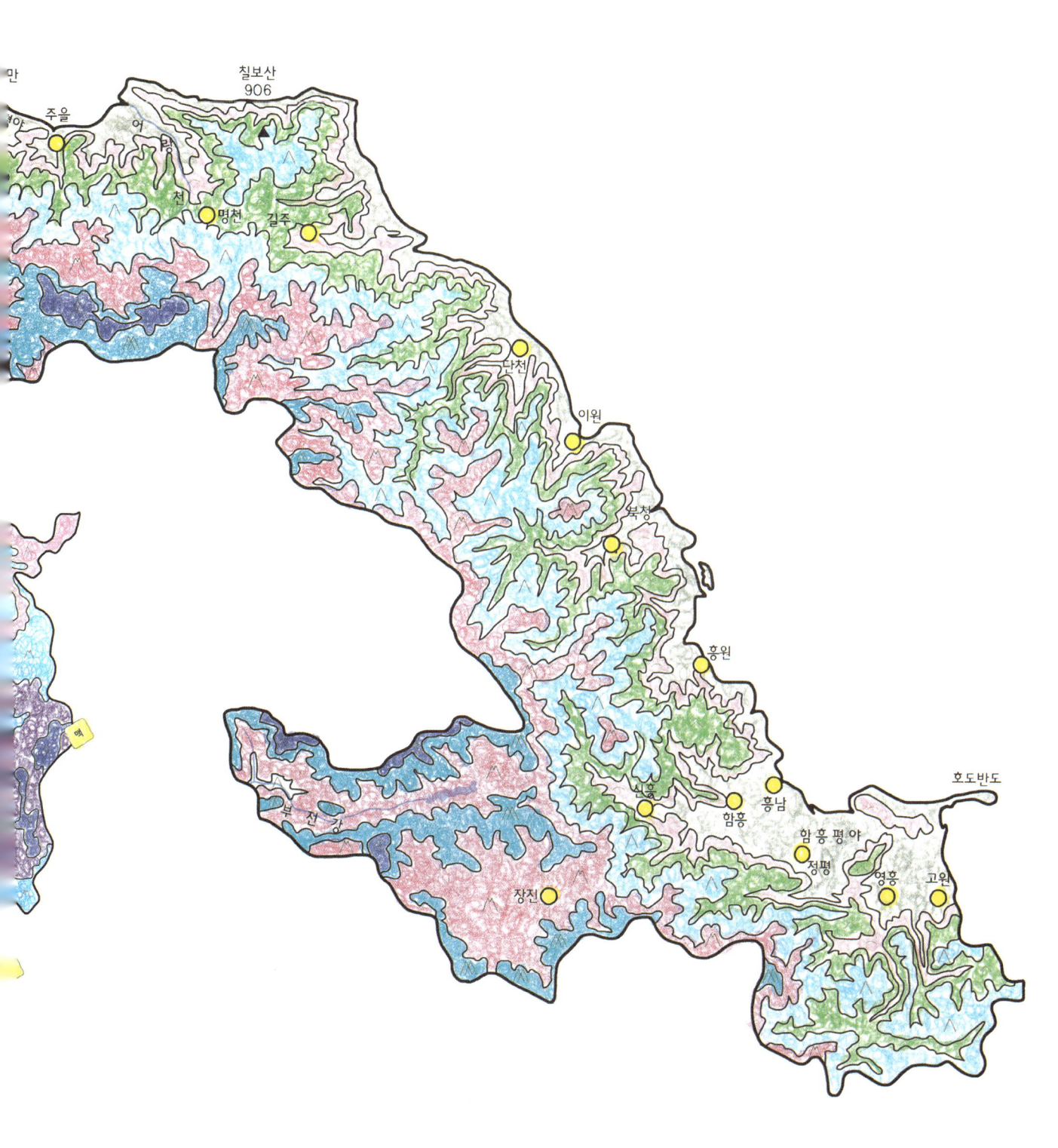

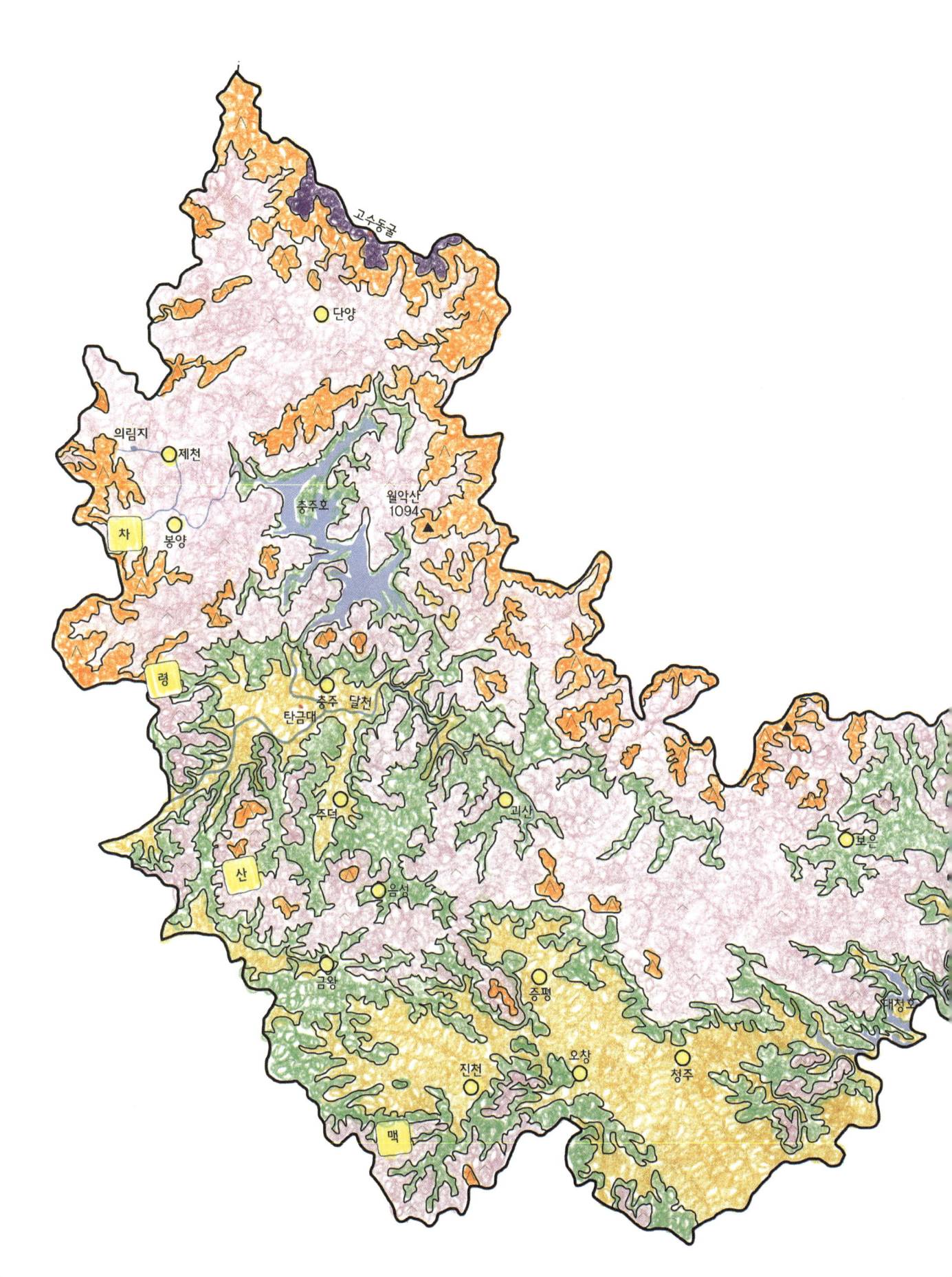

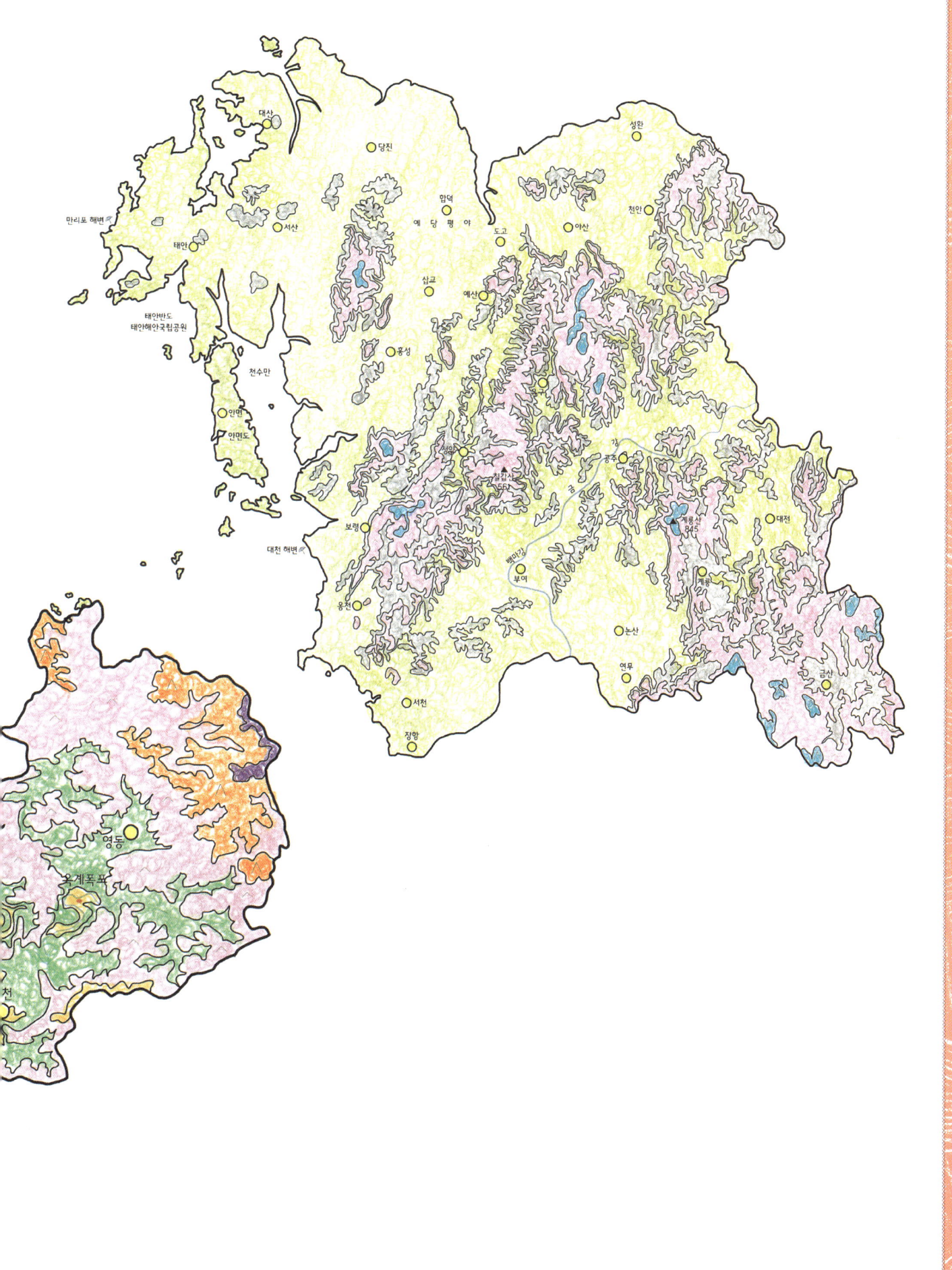

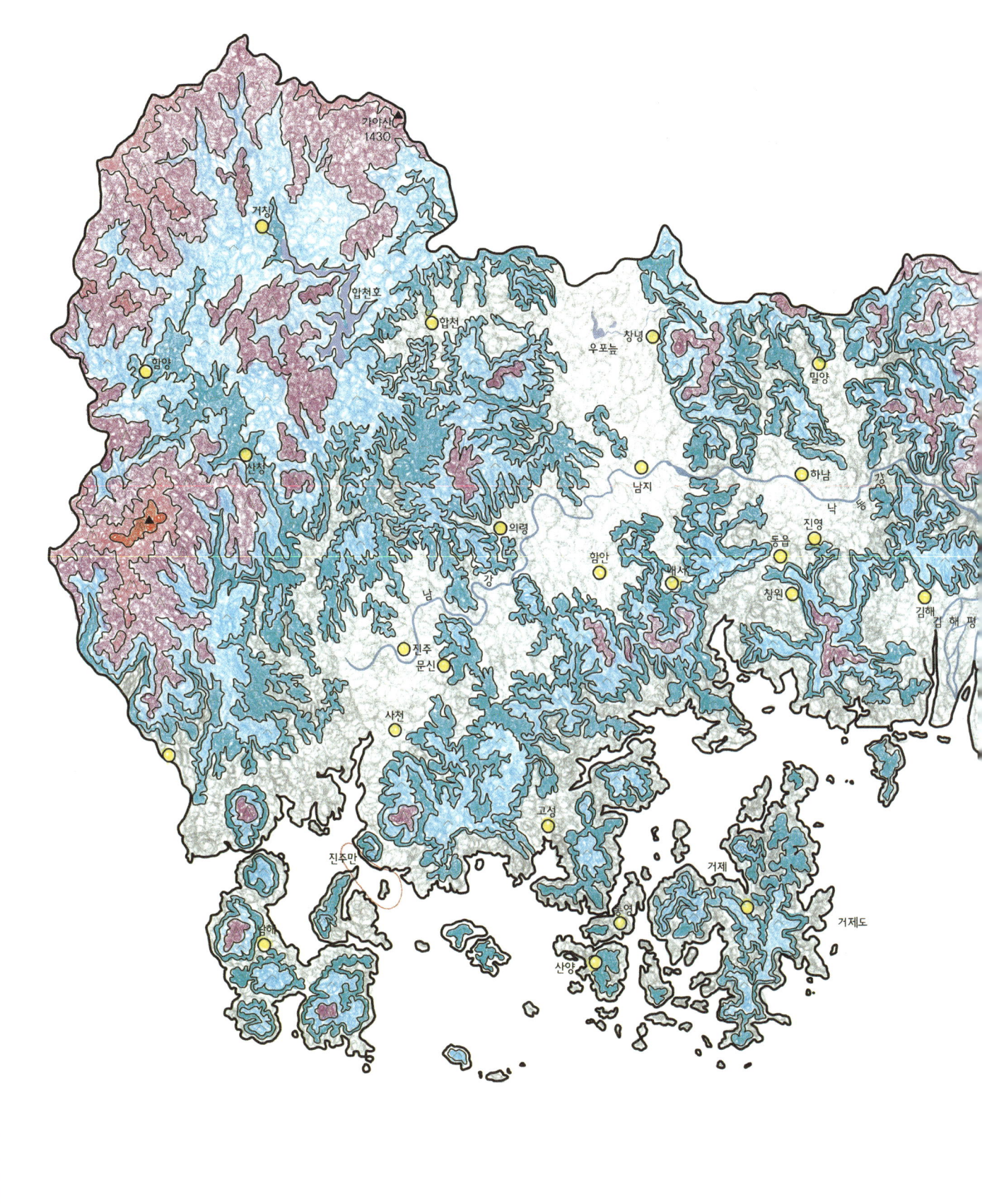

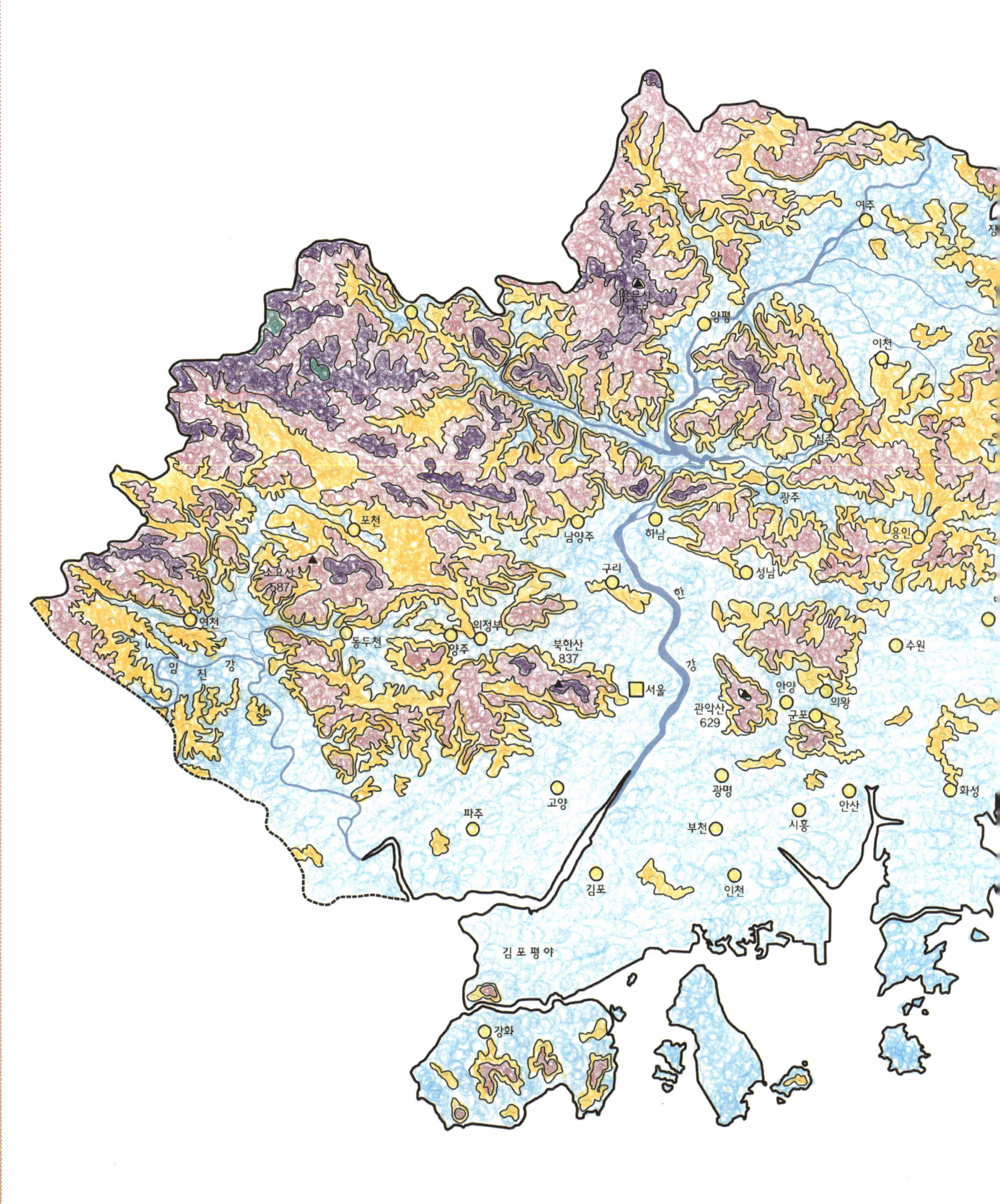

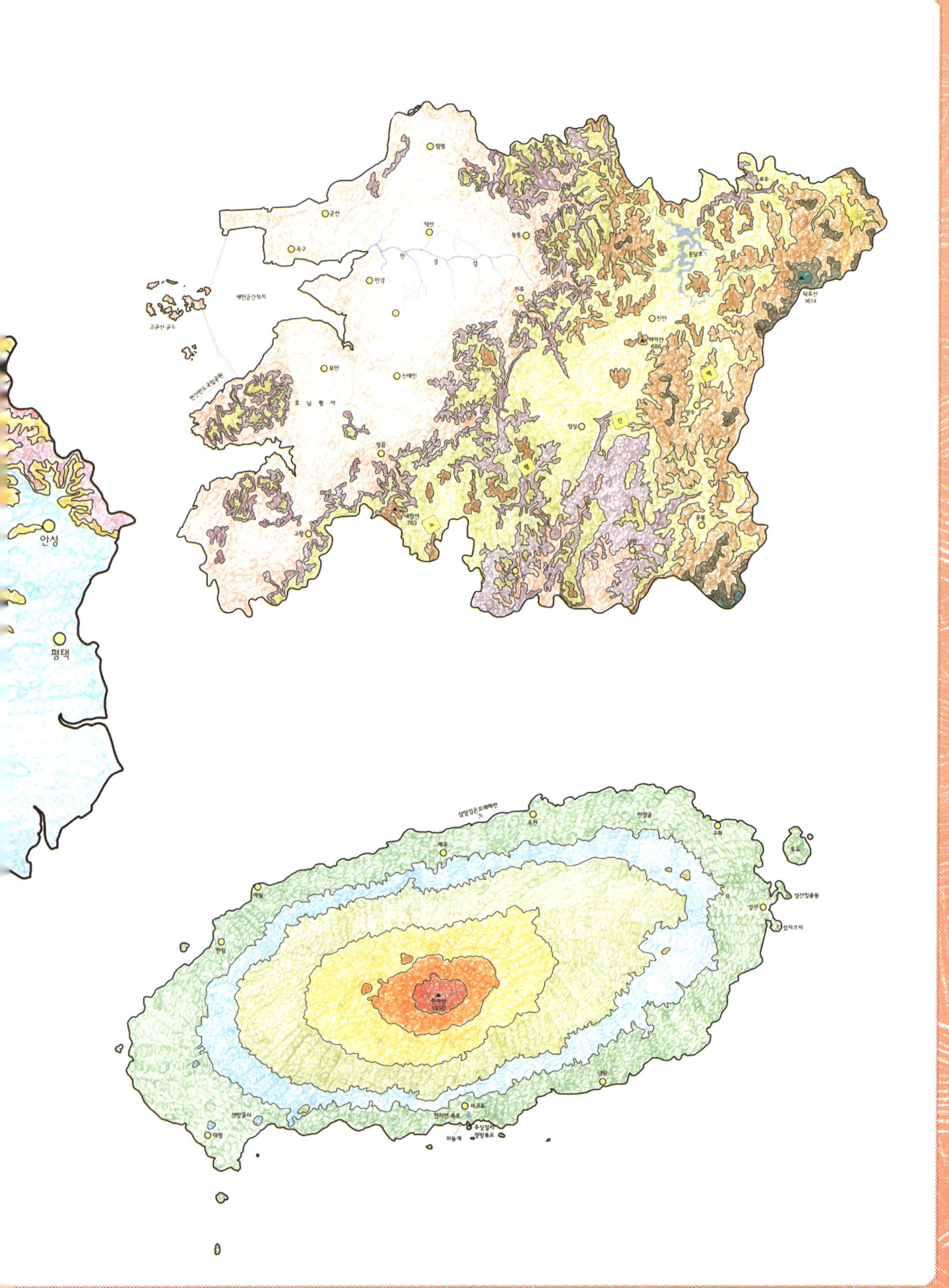

조지욱

현재 부천의 고등학교에서 지리를 가르치고 있습니다. 모르는 곳에 가서 그곳 주민처럼 머무는 여행을 좋아합니다. 시간이 날 때면 어린이와 청소년을 위한 책을 씁니다. 그동안 쓴 책으로는 《동에 번쩍 서에 번쩍 세계 지리 이야기》, 《우리 땅 기차 여행》, 《문학 속의 지리 이야기》, 《시로 달라 재미있어!》, 《그림으로 보는 기후 말뜻 사전》, 《길이 학교다》, 《세계 지리 컬러링북, 지식을 그리다》, 《우주 최강 통합 사회 암기 절대 사절》 등 다수가 있습니다.

김미정

대학에서 디자인을 공부했고, 그림 작가를 꿈꿉니다. 할 줄 아는 게 그림 그리는 것밖에 없는데, 다행히 그리는 시간이 너무 즐겁습니다. '그림 작가'라는 호칭에 어울리는 그런 그림을 그리고 싶습니다. 그린 책으로는 《세계 지리 컬러링북, 지식을 그리다》 등이 있습니다.

도판 출처

26~27쪽 류경호텔이 보이는 평양직할시의 풍경, 28쪽 두만강, 38쪽 백두산 천지, 46쪽 압록강, 47쪽 대동강, 52쪽 압록강 철교, 54쪽 미래과학자거리, 57쪽 양각도국제호텔, 68~69쪽 서울특별시 강남 지역의 야경, 70쪽 북한산, 71쪽 김포평야, 78쪽 광화문 광장, 80쪽 북촌, 82쪽 송도 센트럴파크, 84쪽 태백산, 85쪽 설악산, 88쪽 평창 올림픽, 92쪽 단양 고수동굴, 93쪽 제천의림지. 96쪽 안면도, 97쪽 대천 해변, 100쪽 충주댐, 102쪽 오천항, 104쪽 엑스포다리, 106쪽 정부세종청사, 108~109쪽 경상남도 부산광역시의 야경, 111쪽 주왕산, 114쪽 거제도, 115쪽 우포늪, 120쪽 위양못, 122쪽 대구 전경, 124쪽 울산조선소 야경, 126쪽 해운대, 128쪽 마이산, 129쪽 새만금방조제, 132쪽 순천만, 133쪽 월출산, 136쪽 여수 돌산대교, 138쪽 전주 한옥마을, 139쪽 담양 대나무 숲, 140쪽 5·18 기념문화센터, 142쪽 성산 일출봉, 143쪽 중문 주상 절리, 148쪽 천지연폭포, 149쪽 약천사 ⓒ 123RF

29쪽 칠보산, 32쪽 함흥 강철 공장, 36쪽 나선시 전경, 42쪽 강계스키장, 44쪽 혜산시 도예술극장, 58쪽 남포육아원, 64쪽 개성 공단 야경, 66쪽 사리원시 야외 수영장 ⓒ 연합포토

34쪽 청진 명치정거리 ⓒ 고미사진관

39쪽 압록강 상류, 50쪽 평성 거리, 60쪽 예성강 어귀, 61쪽 수양산 ⓒ 위키미디어

74쪽 제부도, 90쪽 두타산, 91쪽 낙산사 해수 관음보살 입상, 118쪽 통영, 146쪽 우도 ⓒ 김인혜

76쪽 수원 화성 팔달문, 81쪽 서울 성곽, 103쪽 법주사 팔상전, 121쪽 도산서원 ⓒ (주)사계절출판사

110쪽 호미곶 ⓒ 김진희

 **한국 지리 컬러링북, 지식을 입히다** 하나의 한반도, 남과 북은 하나

2018년 12월 3일 1판 1쇄

지은이 조지욱 | **그린이** 김미정

편집 최일주, 이혜정, 김인혜 | **교정** 한지연 | **디자인** 민트플라츠 송지연
제작 박흥기 | **마케팅** 이병규, 이민정 | **인쇄** 코리아피앤피 | **제책** 신안제책사

펴낸이 강맑실 | **펴낸곳** (주)사계절출판사 | **등록** 제406-2003-034호
주소 (우)10881 경기도 파주시 회동길 252
전화 031)955-8588, 8558 | **전송** 마케팅부 031)955-8595, 편집부 031)955-8596
홈페이지 www.sakyejul.co.kr | **전자우편** skj@sakyejul.co.kr
독자 카페 사계절 책 향기가 나는 집 cafe.naver.com/sakyejul
트위터 twitter.com/sakyejul | **페이스북** facebook.com/sakyejul

ⓒ 조지욱, 김미정 2018

값은 뒤표지에 적혀 있습니다. 잘못 만든 책은 구입하신 서점에서 바꾸어 드립니다.

사계절출판사는 성장의 의미를 생각합니다. 사계절출판사는 독자 여러분의 의견에 늘 귀 기울이고 있습니다.

979-11-6094-409-9 43650

이 책의 국립중앙도서관 출판시도서목록(CIP)은 다음 홈페이지에서 이용할 수 있습니다.
http://www.nl.go.kr/ecip CIP제어번호: CIP2018035250